3D
금형설계와
유동 시스템

저자 박균명 박사

BM 성안당

저자 박균명 박사

저자는 1986년 정부출연 연구기관 입사 이래 한국생산기술연구원 금형기술센터에 재직 중이다. 1989년 UNDP 지원으로 독일정부 초청 '사출금형 최고전문가과정' 1년 (Berufliche Aus-und Fortbildung=Adveanced Professional Training)을 이수하고 3개월 동안 독일 VW에서 연수하였다.

정부정책으로 세워진 금형기술센터에서 오랫동안 부서 책임자로 몸담으며 우리나라 금형산업 발전을 위해 정책연구와 120여개 이상의 R&D 프로젝트를 수행하였다.

저서로는 '마이스터고등학교 교재용 금형제작법'과 '사출성형불량대책사례집' 역저가 있다. 본서는 부족하지만 그동안 금형기술 연구개발을 수행하면서 실제 경험한 내용과 앞으로 도움이 될 기술들을 단행본으로 엮었다.

잠시 외유하여 뿌리산업의 토대가 되었던 국가뿌리산업진흥센터 초대 소장과 중국사무소 소장을 역임하였으며, 또한 사단법인 한국금형기술사회 회장과 한국생산제조시스템학회 부회장을 역임하였다. 국가대표 선수로 국제기능올림픽 대회에 출전하여 금형분야 금메달을 수상한바 있으며 동탑산업훈장을 수훈하였다.

홍익대학교에서 기계공학을 전공하고 한양대학교에서 석사, 홍익대학교 대학원에서 공학박사 학위를 받았다. 한국산업기술대학교 겸임교수로 후학양성에 힘쓰고 있으며, 국내외 중소·중견기업, 대기업의 금형기술 역량 강화를 위한 금형 R&D, 기술지도 컨설팅의 도움이로 한국생산기술연구원의 미션을 수행하고 있다.

3D 금형설계와 유동 시스템

2016. 1. 12. 1판 1쇄 인쇄
2016. 1. 25. 1판 1쇄 발행

저자와의
협의하에
인지생략

지은이 | 박균명
펴낸이 | 이종춘
펴낸곳 | **BM** 주식회사 **성안당**

주소 | 04032 서울시 마포구 양화로 127 첨단빌딩 5층 (출판기획 R&D 센터)
10881 경기도 파주시 문발로 112(제작 및 물류)

전화 | 02) 3142-0036
031) 950-6300

팩스 | 031) 955-0510
등록 | 1973.2.1 제406-2005-000046호
출판사 홈페이지 | www.cyber.co.kr
도서 내용 문의 | gmpark@kitech.re.kr
ISBN | 978-89-315-1824-5 (93550)
정가 | 28,000원

이 책을 만든 사람들
기획 | 최옥현
진행 | 김정아
본문 디자인 | 첨단 Design
표지 디자인 | 첨단 Design
홍보 | 전지혜
국제부 | 이선민, 조혜란, 신미성, 김필호
마케팅 | 구본철, 차정욱, 나진호, 이동후, 강호묵
제작 | 김유석

www.cyber.co.kr ★★★
성안당 Web 사이트

머리말 PREFACE

3D 금형설계는 현업에 도입된 이래 생산제조 환경의 급속한 생태계 변화에 대응하여 끊임없는 혁신과 변화가 계속되고 있다. 그럼에도 불구하고 국내외 3차원 금형설계 관련 전문서적을 찾아볼 수 없었던 것이 주지의 사실이다. 이번에 출판하게 된 '3D 금형설계와 유동 시스템'은 사출금형 설계에서 가장 중요한 핵심 기술이라고 할 수 있는 유동 시스템 설계기술을 심층적으로 담고 있으며, 3차원 사출금형 설계를 누구나 직접 경험해 볼 수 있게 내용을 구성했다.

이 책은 총 5단원으로 구성되어 있다. 제1단원에서는 이 시대에 요구되고 있는 금형산업과 금형 및 성형기술에 대한 개괄적인 내용을 담아 사출금형을 배우고자 하는 사람들의 이해를 돕고자 한다. 제2단원은 사출제품에 대한 기초적인 지식을 담고 있으며, 제3단원은 러너와 게이트 설계에 관한 정보를 전산모사를 통하여 검증하고 그 결과를 바탕으로 구체적인 설명과 가능한 한 사출금형 설계자에게 도움이 되는 지식을 담으려고 노력하였다. 특히, Pair Matrix와 Edge Gate에 관한 유동해석 최적화는 실험계획법(DoE)을 활용한 구체적인 프로세스를 제공하고 최적화 해석 사례를 담고 있어 매우 유용한 정보가 될 것이다.

아울러 핫러너에 관한 정보와 지식, 그리고 시퀀스 제어에 관한 전산모사 사례도 소개하고 있다. 제4단원은 3차원 금형설계에 필요한 기본 지식을 담고 있으며, 제5단원은 실제 3차원 금형의 사례를 들어 설명하였다. 실제 사례는 요즘은 금형 수요의 주류를 이루고 있는 모바일, 가전, 자동차 분야에 대한 부품을 사례로 구성하였으며, 따라하기를 통하여 직접 3차원 금형설계를 경험할 수 있도록 구성되어 있다. 특히, 금형설계 초기 구상 단계에서 유동기구, 냉각 등 설계 체크 리스트, 몰드베이스 타입 선정 체크 리스트 등을 담고 있어 설계자에게 도움이 될 것으로 기대된다. 다만, 사출금형에서 중요한 요소 중 하나인 냉각 시스템은 내용이 광범위하고 검증할 부분이 많아 관련 정보를 담지 못해 아쉬움이 있지만 숙제로 남겨 두었다.

이 책의 부록으로는 금형설계 사양을 결정하는 Matrix와 Moldream 몰드를 통하여 누구나 따라할 수 있는 3차원 금형설계 따라하기 동영상을 링크했으며, 금형설계 전용 프로그램 체험판을 경험할 수 있도록 무료로 제공하고 있다. NX에서 구동하는 Moldream 몰드는 캐디언스시스템에서 개발한 3차원 금형설계 자동화 프로그램으로 매우 강력한 성능을 가지고 있다. 이 책에 활용할 수 있도록 도와주신 이형복 대표이사님과 유제승 상무님, 김주아 팀장님과 관계자 여러분께 감사를 드린다.

이 책이 나오기까지 긴 시간 원고와 씨름하면서 전산모사 결과를 분석했던 시간들이 주마등처럼 지나간다. 한 치 앞으로 전진하지 못했던 순간에도 지혜를 주시고 돌파하게 해주신 하나님께 감사와 영광을 드리며, 사랑하는 아내와 번역과 이미지를 도와준 지훈, 성훈 두 아들과 이 책을 집필할 수 있도록 동기를 제공하고 출간까지 도와주신 ㈜첨단의 차남주 대표이사님과 성안당 편집부 여러분께 감사를 드린다.

2016년 1월
박균명

차례 C.O.N.T.E.N.T.S

차례 C.O.N.T.E.N.T.S

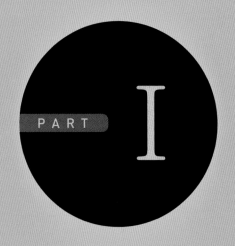

PART

I

사출 금형성형 기술

프롤로그

금형산업의 당면과제는 글로벌 경쟁에서 이길 수 있는 기술 경쟁력이다. 경쟁력은 설계기술에 달려 있음은 두말 할 것도 없다. 실력 있는 설계자는 금형의 구조, 소재, 요소기술, 가공기술, 성형기술의 지식 능력을 가지고 있다. 금형 제작에 필요한 부품을 구매하는 담당자, 기계 가공하는 기술자, 사출성형 담당자, 품질관리 책임자도 설계자와 연결되어 있다. 이러한 체계는 앞으로 더욱 심화될 것으로 예상된다.

독일 프라운호퍼(WZL/Fraunhofer IPT)의 보고서는 유럽의 기업 혁신프로그램에 참여하고 있는 10대 기업을 중심으로 흥미로운 조사 결과를 담고 있다. 그림 1·1은 금형 제조 공장의 인력 운용 사례를 도식적으로 보여주고 있다. 이러한 패턴은 미래에 우리 금형업체가 어떻게 변해야 할지를 보여주는 한 예가 될 수 있다. 첫번째는 개발과 설계 과정에서 기업의 노하우와 설계 영역의 인력 배치가 증가하고 있고, 두번째는 첨단화된 제조 컨셉을 적용하기 위한 작업준비에 인력이 늘어나고, 세번째는 자동화된 제조설비의 인력은 감소하고 있다. 네번째로 조립공정과 시험생산에서는 성장과 전문화를 위하여 인력 배치가 강화되고 있다. 기업의 성장을 위한 협업 체계에서는 개발과 설계에 인력과 시간, 자원을 더 투자하는 추세이며, 이것은 곧 기업의 경쟁력과 직결되고 있음을 보여주고 있는 것이다. 즉, 금형 제조를 위해 여러 협력 업체들과 함께 서로 융합하고 공존하여 상생하겠다는 의지와 노력이 담겨 있다고 볼 수 있다.

그림 1·1
선진 금형 제조산업의
인력 배치 변화

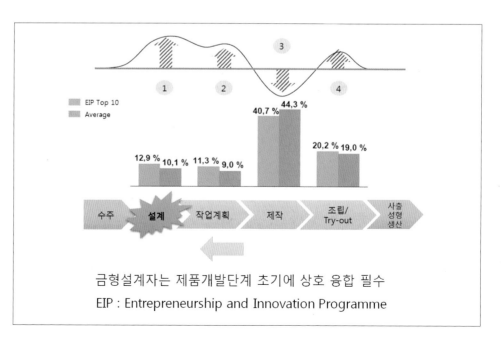

본 책에서는 사출 금형설계의 핵심 중의 하나인 유동 시스템 설계을 위한 기술을 컴퓨터 해석을 기반으로 설계하고 검증하여 최적의 설계 기준을 제시하게 될 것이며, 사례를 들어 요소기술의 특성을 분석하고 설계자들에게 관련 설계기술 정보를 제공하게 될 것이다.

사출성형기술은 유체 성질에 관한 이론적 배경을 근거로 사출성형의 다양한 파라미터의 특성을 분석하여 성형기술자에게 관련 성형기술 정보를 제공하고자 한다. 그래서 유동 시스템 설계 요소기술을 제공할 때 경험과 지식과 과학적 근거를 바탕으로 관련 정보를 제공하게 될 것이다. 과학적 근거로는 첫번째로 과학적 사고를 통하여 문제의 원인을 찾아내고 최상의 결과값에 도달하고자 하는 품질관리 기법을 도입할 것이다. 두번째로는 무결점을 지향하는 Design for Six Sigma (DFSS) 기법을 적용하여 문제해결 논리를 제시하고, 세번째로는 사출성형 이론을 근거로 금형의 유동시스템을 설계하는 것과 수지거동 현상과의 상관관계 그리고 사출성형에 활용할수 있는 지식을 제공하게 될 것이다. 프롤로그(Prologue)에서는 주로 그 배경을 소개한다.

01 설계 경쟁력

금형설계는 금형 제조의 총원가 구성요소 중 가장 적은 부문을 차지하지만, 총비용에 미치는 영향은 매우 크다. 수많은 연구에 의하면 제품의 총비용 중 약 70~80%가 설계에 의해 결정된다고 한다. 마이켈 헤리와 슈뢰더는 인건비나 제조간접비를 30% 절감할 경우의 총경비는 1.5% 절감되는 반면에, 설계 단순화를 30%만 개선해도 총원가의 21%를 절감할 수 있다고 한다.

그림 1·2
Sullivan Curve

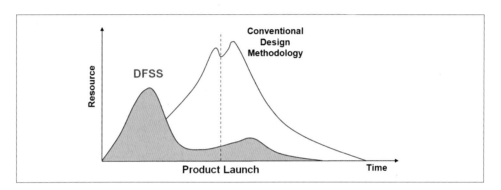

그림 1·2는 6시그마에 나오는 Sullivan Curve이다. 금형 제작이나 사출성형에서 설계단계의 중요성을 도식적으로 표현한 것으로 설계단계가 그만큼 중요하다는 것을 보여주는 것이라 할 수 있다. 특히 제품의 설계단계에서 결함이 발견되어 수정하는데 드는 비용이 '1'이라면 제조한 후 출하 검사단계에서 결함이 발견되어 재작업을 거치게 되는 비용은 '10'으로 뛰어오르게 되며, 시장으로 출하되어 고객이 사용하는 단계에서 발견되면 '100'배로 비용이 증가하게 된다. 이와 같이 설계단계와 검사단계 그리고 고객단계의 품질 비용의 증가를 '1:10:100의 규칙'이라고 한다.

- 설계단계에서 제품의 결함이 발견되어 수정하는데 드는 비용 : '1'
- 출하 검사단계에서 결함이 발견되어 수정하는데 드는 비용 : '10'
- 고객 사용단계에서 결함이 발견되어 수정하는데 드는 비용 : '100'

이러한 사실을 귀담아 듣고 실천할 수 있기를 기대한다. 설계는 무상이고 금형만 있으면 되는 거 아닌가 하는 생각이야말로 얼마나 어리석은지를 간과해서는 안될 것이다. 앞으로는 Soft power가 기술을 지배하게 될 것이다. 아무리 비싼 프로그램을 설치해 두었더라도 사용할 줄 모르면 무용지물이고 폐타이어만도 못한 것이다. 우리 금형산업도 엔지니어링 파워를 갖추어야 한다. 필요한 지식을 가르치고 활용할 지식을 가르쳐야 한다. 이 글이 금형을 배우고 성형기술을 배우고자 하는 모든 이들에게 작으나마 길잡이가 될 수 있기를 기대한다.

02 DFSS 활용 (Design for Six Sigma)

금형설계는 원가, 신뢰도, 품질 및 궁극적으로 고객만족도를 결정하고 결정적으로 품질문제의 80%는 설계 과정에서 발생하고 있다는 사실이다. 또한 품질변동의 대부분은 설계 시 고객의 요구조건을 확실히 정의하지 못하거나 품질 및 공차를 과학적으로 설정하지 않은 경우와 설계조건이 공정 능력과 일치하지 않는 경우에 발생한다.

금형설계나 사출성형에서 공급자의 능력이나 공정관리도 중요하지만, 사출성형 과정에서는 금형설계에 의하여 제작된 금형을 개선하기 위해서는 추가적인 시간과 비용이 수반될 수밖에 없다. 설계가 적절치 못하면 최상의 결과 대신에 차선의 결과만 얻을 수 있다. 따라서 사출제품 및 품질 서비스가 무결점 6시그마 품질 수준을 달성하기 위해서는 제품 개발부터 생산에 이르기까지 최소 변동으로 설계되어야 한다. 이를 위해 DFSS는 처음부터 발주자의 기대를 충족시킬 수 있도록 금형 및 성형을 설계하는 엄격한 방법이다. 특히 DFSS는 자원을 능률적으로 사용하고 복잡성과 수량에 상관없이 높은 수율을 얻고 프로세스 변동이 발생하지 않는 강건한 프로세스가 가능하도록 하기 위한 것이다. 이 글을 통하여 무결점을 지향하는 6시그마 설계 방법을 사출금형의 유동 시스템 설계와 사출성형의 성형조건 최적화에 적용하여 제시하고자 한다. 그림 1·3은 DFSS의 DIDOV 방식으로 주로 설계 영역에서 적용하는 방식이다. 여기서 사용하는 도구는 3D-CAD, 유동해석, 통계분석 프로그램 등이 사용된다.

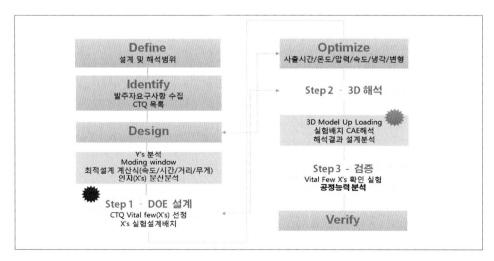

그림 1·3
사출성형 해석
최적화 방식

03 품질관리

특성요인도(Cause & Effect Diagram)는 제공하는 원인에 따라 결과에 어떤 영향을 미치는가를 나타내는 그림이다. 일명 어골도(Fish-Bone Diagram)이라고도 한다. 특성요인도를 작성하기 위해서는 우선적으로 그 분야에 종사하는 사람들로부터 VOC를 수집하는 단계가 필요하다. 그리고 브레인스토밍을 통하여 주 원인과 상세 원인을 분류하여 작성하는 것이다. 아래 그림 1·4는 사출성형을 위한 특성요인도이다. 고품질 제품을 얻기 위해 수지특성, 사출기 제원, 사출 공정, 사출제품 정보, 금형특성 등을 주 원인으로 정하고, 주 원인에 영향을 미치는 상세 원인을 찾아 정리한 것이다. 앞으로 설명할 대부분의 요인들은 아래 빨강색 항목의 변수들이 원인변수(X's)로 작용하게 될 것이다.

사출성형에 있어서 품질특성(Y's)은 현재 수준을 말한다. 발주자의 요구에 따라 이미 정해진 값이다. 품질특성을 충족하기 위해서는 품질에 영향을 미치는 잠재적인 원인변수(X's)를 찾아 품질특성(Y's)를 최적화시키는 툴로 사용하기에 적합하고 다음과 같은 함수로 나타낸다.

$$Y = f(x_1, x_2, \cdots, x_k)$$

최적 사출성형조건은 최고의 품질특성(Y's)을 구현하는 것이고 금형설계 기술자와 사출성형 기술자에게 최고의 목표이기도 하다. 사출성형에서 고품질 제품을 얻기 위한 최적 성형조건은 매우 중요한 성형 인자로 이루어져 있다. 성형조건은 수지특성, 온도, 압력, 시간, 속도의 요소에서 설정되며, 성형사이클과 사출제품의 외관, 품질, 치수정밀도, 생산성과 밀접한 관계가 있다. 이것은 수지특성, 금형설계, 사출제품의 디자인 등과도 긴밀한 상관 관계가 있어 품질특성을 고려한 최적 성형조건은 사출성형기술의 핵심 요소이다.

그림 1·4
사출제품 품질특성
특성요인도

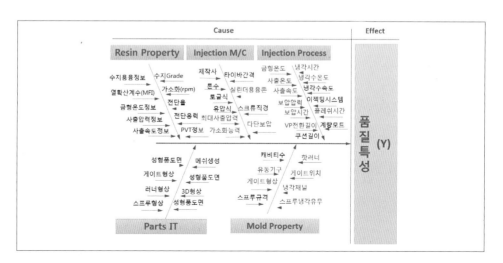

04 유체유동

오늘날 플라스틱 유동해석 기술은 플라스틱 성형기술에 있어서는 필수품이 되었다. 유동해석은 용융된 수지가 금형에 충전되는 과정 중의 거동에 관한 것을 유한요소법으로 계산하고 유체유동의 거동 결과를 컴퓨터 화면을 통하여 확인하고 진단 분석하여 처방하는 도구이다. 계산은 컴퓨터에서 하지만, 진단하고 분석하여 최적의 해법을 제시하는 것은 전문가의 몫이다. 앞으로 서술할 내용들은 유동해석을 기반으로 과학적 해결 방법의 배경으로 사용될 것이며, 문제가 발생하기 전에 미리 전산모사를 통하여 해법을 제시하는 지식을 제공하게 될 것이다.

고체 상태에서 용융된 상태로 상태를 변화시켜 제품을 만들어내는 사출성형기술은 사출제품의 특성상 기본적으로 어떻게 성형되느냐에 따라 다르게 나타난다. 똑같은 치수, 같은 재료로 된 두 개의 사출제품일지라도 각기 다른 조건하에서 성형된다면 응력 및 수축의 크기가 서로 다른 사출제품이 될 것이다. 따라서 이것은 두 사출제품의 품질을 결정하는 아주 중요한 요인이 된다. 전선모사를 통하여 제품 생산 전에 금형 캐비티 내의 압력, 온도, 응력을 예측할 수 있다는 것은 충전 과정을 확실히 해석할 수 있고 고품질의 제품을 생산할 수 있다는 것이다.

사출성형 과정은 복잡하지만 크게 구분하여 충전단계, 가압단계, 보압단계의 3단계(그림 1·5)로 나눌 수 있으며, 그림 1·5에 나타난 것 처럼 실린더 노즐부에서 가해진 압력으로 유입된 수지가 캐비티 끝단에서 급격히 떨어지는 압력강하를 도식적으로 보여주고 있다. 대부분의 노즐에서 캐비티까지에서 일어나는 압력강하를 압력센서를 부착하지 않는 한 전혀 확인할 수 없고 예측할 수 없는 것이 현실이다. 적어도 캐비티 내에서 일어나는 압력강하를 비례적으로 유추해 볼 수 있는 근거가 될 것이다.

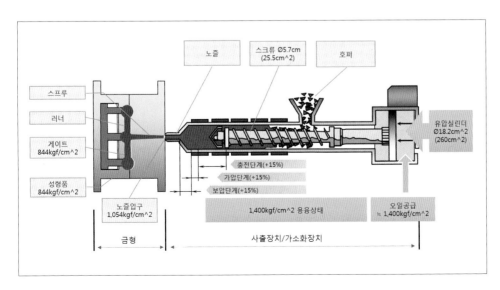

그림 1·5
사출성형 공정 및
압력강하

1 충전단계 (Filling Phase)

사출기의 스크류가 전진함에 따라 처음에는 금형의 캐비티 내로 수지가 유입된다. 이 단계를 충전단계라고 하며 수지가 금형의 캐비티에 채워질 때까지 지속된다.

2 가압단계 (Pressurisation Phase)

스크류가 더욱 전진하여 금형의 캐비티에 압력이 가해지는 단계를 가압단계라 한다. 캐비티가 충전되면 속도는 감소되며 계속 천천히 전진한다. 이것은 수지가 압축성의 재료이기 때문이며, 이로서 충전단계보다 수지를 추가로 15% 만큼 더 캐비티 내로 밀어넣을 수 있다.

수지의 압축성은 노즐을 막은 후 스크류를 전진시키면 확인할 수 있다. 스크류는 압력이 가해질 때 앞으로 신속히 전진하나 압력을 제거하면 스프링 백(Spring Back) 현상으로 인하여 뒤로 밀려난다.

3 보압단계 (Compensating Phase)

가압단계 이후에도 스크류는 완전히 정지하지 않고 한동안 천천히 계속해서 전진한다. 일반적으로 수지는 용융 상태에서 고체 상태로 될 때 약 25%의 체적 변화가 생긴다. 이와 같은 현상은 심한 凹凸이 생긴다. 이때 캐비티와 사출제품과의 체적 차이는 상기의 체적 변화 때문이다. 이 단계를 보압단계라고 하며 상기와 같은 체적 차이를 보상하기 위한 것이다. 사출제품의 체적 변화는 일반적으로 25%인데 비하여, 압축단계에서는 15%만을 압축하므로 항상 보압단계가 필요하다.

사출성형은 플라스틱(열경화성 수지, 열가소성 수지)을 원하는 형태의 사출제품으로 만드는 성형기술이다. 사출제품은 사출기에서 수지를 용융시켜 금형 캐비티 안으로 강제로 주입시켜 용융수지를 고화시켜서 만드는 것이다. 금형은 설계된 도면에 따라 생산하고자 하는 사출제품과 똑같은 형태로 가공한 성형상의 모체(母體)가 되는 것이다. 그림 1·6은 아래의 8단계를 사출성형 공정 1사이클이라고 하며, 1사이클 시간 동안 이루어지는 과정을 도식적으로 표현한 것이다. 열가소성 수지의 비결정성 수지와 결정성 수지를 게이트의 온도와 사출압력으로 표시하였다.

❶ 재료에 흡입된 수분을 제거하기 위해 재료를 1차 건조시킨 다음 사출성형기에 부착되어 있는 재료받이실인 호퍼(Hopper)에 채워주고, 사출기의 실린더 내에 있는 사출스크루의 회전에 의해 원재료는 호퍼의 밑 부분에 있는 것부터 실린더 내로 유입되어 가소화된다. 이때 실린더는 외부가 히터로 감겨져 있어 유입된 재료는 가열 용융되어 유동성을 갖는다.

❷ 사출성형기의 노즐부(고정측 체결부)에 금형의 상형이 체결되고 이젝터부(가 동측 체결부)에 금형의 하형이 체결되어진 상태에서, 사출기의 가동측이 고정측 방향으로 이동함으로써 금형의 하형과 상형이 닫힌다. 이때 금형이 강한 사출압에 열리지 않도록 강한 조임력(Mold Clamping Force)으로 금형이 닫혀져야 한다.

❸ 금형의 상형부위 유동부분의 시작점인 스프루(Sprue)에 사출기의 노즐을 접촉시키고 난 다음, 유압실린더로 사출스크루를 전진시켜 가열실린더 안에 있는 수지를, 금형의 유동부위를 거쳐 캐비티 내에 완전하게 골고루 충전되도록 높은 압력으로 사출한다. 이때 강한 사출압에 의해 금형이 열리지 않도록 강한 클램핑력이 금형에 작용 하여야 한다. 그렇지 않으면 금형이 열려 제품의 열림면에 플래시(Flash; 지느러미 같은 거스러미)가 발생한다.

❹ 금형 안에 충전된 플라스틱은 제품을 고화시키기 위해 금형을 냉각시키는 공정에 의해 수축된다. 캐비티 안에서 플라스틱이 수축될 경우 제품의 품질(치수정밀도 및 외관)이 저하되므로 이것을 방지하기 위해 고화되지 않은 상태에서 사출압을 계속 유지해 준다. 이것을 보압이라 한다. 이렇게 하면 재료가 수축되어 캐비티에 공간이 생긴 부위에 원재료를 더 보충할 수 있게 되어 품질 저하를 막을 수 있게 된다. 또한 강한 압력으로 사출을 하였기 때문에 강력한 압력으로 뒤에서 바쳐주지 않으면 원재료가 역류하여 밖으로 흘러나올 수가 있다. 이 두 가지를 위해 필요한 공정이 보압 공정이며, 이 공정은 게이트(Gate)가 굳어 원재료가 흘러나오지 않거나 보충할 수 없을 때까지 지속된다.

❺ 금형을 냉각시켜 제품이 고화되는 동안 사출실린더 내의 사출스크루는 유압 모터에 의해

회전되면서 호퍼로부터 재료를 공급받아 스크루의 산 사이를 통해 노즐쪽으로 보낸다. 이 때 재료는 실린더 벽면과의 사이에 압축되어 마찰되므로 열이 발생하고, 밴드히터에 의해 가열되므로 용융되어 앞부분인 노즐쪽으로 이동이 된다. 노즐부분인 앞부분에 원재료가 계속 채워지고 스크루는 수지 계량을 위해 설치한 리미트 스위치를 누를 때까지 후진한다.

그림 1·6
결정성 수지와
비결정수지의 게이트
주변의 온도 변화
성형조건 도식화

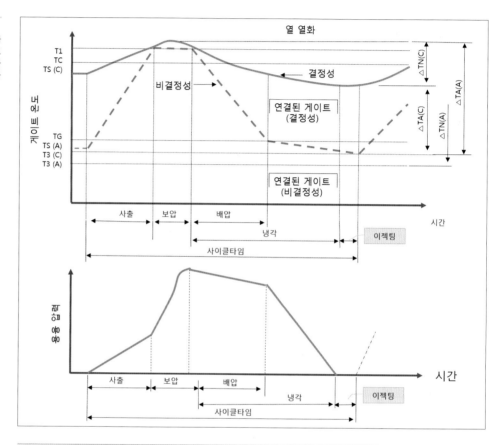

━━ T2 : 게이트 온도 (결정성 ex: PA 6)   ─ ─ T2 : 게이트 온도 (무정형 ex: ABS)

T1 : 열화 러너 (진행중 온도)   TC : 결정성 용해 온도

TG : 결정성 유리 변형 온도   T3 (C) : 금형 온도 (결정성)

T3 (A) : 금형 온도 (비결정성)   △ TN (C) : 게이트 온도 상승 (결정성)

△ TN (A) : 게이트 온도 상승 (비결정성)   △ TA (C) : 추가 게이트 온도 (결정성)

△ TA (A) : 추가 게이트 온도 (비결성성)   TS (C) : 일정한 게이트 온도 (결정성)

TS (A) : 일정한 게이트 온도 (비결정성)

❻ 사출기의 가소화 작업이 끝난 후 사출기의 노즐이 뒤로 후퇴하고 금형이 열린다.

❼ 금형이 열린 후 사출기의 가동측 부위에 설치되어 있는 이젝터 봉이 유압 실린더의 작동에

의해 앞으로 전진하여 금형에 설치되어 있는 이젝터 봉을 앞으로 전진시켜 이젝터 판을 밀고 이젝터 핀이 제품을 밀어내어 취출시킨다.

❽ 다시 금형이 닫힌다. 이러한 공정을 계속 반복하는 것이 성형 공정의 원리이며, ① ~ ⑧항까지 각 공정이 수행된 것을 1사이클이라고 한다.

06 사양 결정 (Matrix)

국내에 금형산업이 시작된지 많은 시간이 흘렀으며, 현재 뿌리산업으로서 주목받으면서 성장일로에 있다. 그런데 성장을 위한 필요 요소 중 해결이 시급한 사항 중에 하나인 기술인력 양성, 즉 장기간의 엔지니어 양성에 있어서 빠른 시간 내에 기술을 이해하고 구현하기 위하여 많은 시도들이 이루어지고 있지만, 유독 설계분야에서는 기술력이 업체들의 'Know-How'로 숨겨져 있어 정형화되고 도식화된 시스템이 만들어지지 않은 상태이다. 이에 따라 금형의 구조 및 부품선택을 정형화하고 'DataBase화'하여, 금형설계를 빠르게 이해하기 위한 기본 프로세스 제공과 이를 설계에 반영시켜 빠른 시간 내에 금형 사양을 결정할 수 있도록 금형설계 사양 결정을 도식화하였다.

또한, 국내에서 대부분을 차지하고 있는 OEM 금형 제조업체의 초기 기술영업에서 최종 시사출 후 납품까지의 프로세스를 분석하여 이를 도식화함으로써 금형설계를 배우는 사람들이 설계 시 고려해야 하는 요소들을 DB를 통해 빠르고 쉽게 구조 결정 및 부품을 체계적으로 선택하게 하고자 한다.

부록 A는 금형설계를 앞두고 고민하는 설계자들에게 금형설계 사양 결정에 도움을 주는 Matrix 방법을 도식적으로 표현하여 담았다. 본 내용에 관심이 있는 독자는 다운로드를 통하여 직접 경험할 수 있다.

다운로드 경로 http://www.cadians.com

그림 1·7
금형설계 사양 결정
Work Flow

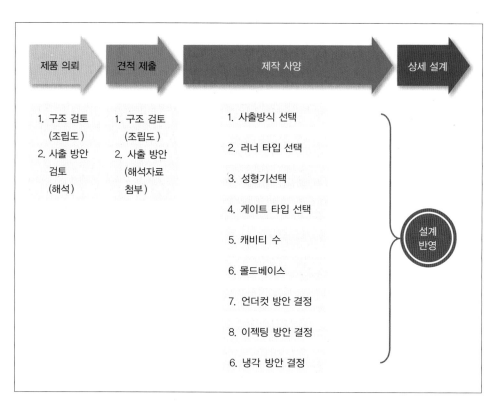

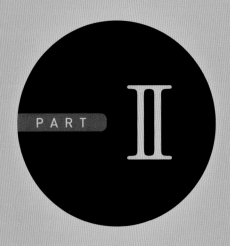

PART II

사출제품 설계

우리가 흔히 말하는 제품은 만들거나 완성하는 방법에 따라 여러 가지로 나뉘며, 그에 따라 다르게 불리기도 한다. 예를 들어 사출제품은 플라스틱 수지를 사출성형 기계에서 용융시켜 금형으로 주입하여 형상을 성형하고 냉각 과정을 통해 사출제품을 고화시켜 얻은 제품을 말하는 것이다. 사출제품은 성형 후에도 플라스틱 수지 고유의 물리적, 화학적 특성을 유지해야 하며, 잔류 응력에 의한 크랙 발생 등의 불량이 없어야 한다. 또한 작동에 문제가 없어야 하며 기계적 기능 역시 제대로 갖추고 있어야 한다. 사출제품의 이러한 특성을 고려하지 않고 제품 설계가 이루어지게 되면 완성된 사출제품은 불량이나 특성 부적합 등으로 인해 그 품질이 고객에게 제공할 수 없는 상태가 되며, 사출제품의 수정을 위한 시간이나 비용 등이 추가적으로 발생할 수밖에 없게 된다. 그러므로 사출제품의 설계 시에는 위에서 언급한 부분을 다양하게 고려하고 설계에 반영하여 최적의 설계가 이루어져야 한다.

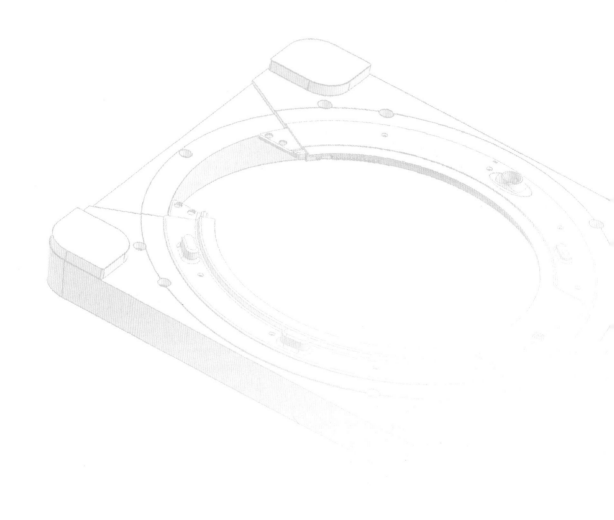

01 사출제품의 분류

제품 설계를 시작하기 전에 제품의 용도 및 특성과 기능을 파악하는 것이 중요하다. 제품의 특성을 파악하기 위한 방법으로는 제품의 분류 체크 리스트를 통하여 기능이나 재료, 요구 강도 등의 물적 성질이나 사이즈 등 제품 설계에 필요한 사항을 체크하여 제품을 명확하게 분류하는 것이 좋다. 이러한 제품 분류 체크 리스트를 통해 제품의 성능과 기능을 설계자는 정확하게 파악할 수 있으며, 제품 설계에 반영되어야 할 부분을 고려하여 설계를 함으로써 좋은 제품 설계가 될 수 있다.

1 사출제품 시 고려해야 할 요소

- **제품의 용도** : 사용 목적과 기능, 사용 방법
- **제품의 특성** : 치수, 정밀도, 조립성, 내구성 등
- **재료의 특성** : 기계적 특성, 물리적 특성, 화학적 특성, 안정성, 성형성 등
- **제품의 생산성** : 중량, 사이즈, 생산량 등

2 사출제품의 분류 기준

제품 분류 체크 리스트는 대분류, 중분류, 소분류로 나누어 작성하는 것이 좋다. 항목으로는 아래 예시 표에서와 같이 용도, 재료, 외관 등으로 세부 분류할 수 있다.

사출제품의 분류 체크 리스트 [표 2·1]

대분류	항목	중분류	항목	소분류	항목
산업군	전기	사이즈	소형	재질특성	내마모성
	전자		중형		내충격성
	자동차		대형		내열성
	모바일	형상	외장		방습성
	의료기기		내장		내약품성
	식품	기능	고정		내구성
	일반생활		작동		

체크 리스트 표에 의해 아래 베즐(Bezel) 부품을 분류하여 보았다.

그림 2·1
사출제품 분류

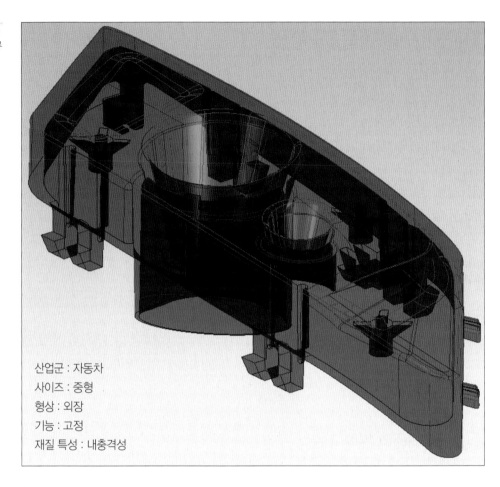

산업군 : 자동차
사이즈 : 중형
형상 : 외장
기능 : 고정
재질 특성 : 내충격성

02 사출제품 설계

제품의 분류를 통해 제품의 특성을 파악한 후에는 제품의 특성을 잘 유지할 수 있도록 제품 고유의 특성들을 설계 요소에 반영하면서 제품 설계를 해야 한다. 예를 들어 Bezel의 경우에는 자동차 외장 부품이므로 투명하면서도 강도와 충격에 강한 특성을 갖고 있는 재질을 선택할 필요가 있다. 이러한 재질의 특성에 따라 조립되는 부분인 후크부 형상의 사이즈 선택이 달라지게 되며, 전체 제품의 평균 두께나 보스의 두께 높이 등이 결정되므로 이러한 부분을 제품 설계 시에 반영하여야 한다.

1 제품 설계 시 고려해야 할 설계 요소

1. 파팅 라인

사출제품의 경우 파팅 라인을 고려하여 설계하는 것이 중요하다. 파팅 라인은 제품을 금형으로 제작하여 사출제품을 만들기 위하여 금형 설계 시에 반드시 필요한 제품의 상, 하 분리선을 말하는 것으로, 특히 외관 제품의 경우에는 성형 후 제품 외관에 라인이 나타나기 때문에 매우 중요한 고려 대상이다. 일반적으로 제품만을 설계하는 파트에서는 금형에 사용되는 파팅 라인에 대한 이해가 쉽지 않아 설계에 반영하기 어려운 점이 있는 것이 사실이다. 그러나 이러한 파팅 라인은 제품의 빼기 방향, 언더컷 형상과 방향 등에 따라 달라지고 결정되어, 금형 제작에도 중요한 영향을 미치는 부분이므로 파팅 라인과 제품의 빼기 방향이나 언더컷 방향 등의 관계를 고려하여 설계해야 한다.

2. 사출제품 두께

사출제품의 두께는 원칙적으로 균일해야 한다. 두께가 불균일하면 성형 후 제품 냉각 시간이 길어지고, 싱크 마크가 발생하며 크랙 발생 등 제품 변형의 원인이 된다.
또한 두께가 얇으면 성형 시간이 빠르고 재료비 절감의 효과는 있으나, 높은 성형 압력에 의한 응력 변형이나 충전이 안되는 미성형 발생 등의 우려가 있으므로 원재료의 성질이나 성형조건 등을 고려하여 두께를 적절하게 설계해야 한다.

사출제품 두께 설계 시 고려 사항

- 제품 구조에 따른 강도 고려
- 제품 이젝팅 시의 강도 고려
- 홀 등의 부위에 웰드 라인 발생 여부 고려

- 두께가 얇은 부분의 미성형 발생 여부 고려
- 두께가 두꺼운 부분의 싱크 마크(수축) 발생 여부 고려

사출제품 두께 설계 기준

- 수지에 따른 표준 두께 범위가 있으나, 통상 1.5~3.5mm 정도로 한다.
- 두께는 가능한 균일하게 하며, 두께 변화는 연속적으로 점차 변화되는 것이 좋다.
- 부품 기능상 두께에 변화를 주어야 할 때는 바뀌는 부분에 R형상을 준다.
- 힌지부의 제품 두께도 수지에 따른 표준 두께 범위가 있으나, 통상 0.3~0.5mm 정도로 한다.

일반적인 플라스틱 수지별 제품 두께 범위 [표 2·2]

재료	두께 (단위 : mm)
폴리에틸렌 (PE)	0.9 ~ 4.0
폴리프로필렌 (PP)	0.6 ~ 3.5
폴리아미드 (PA)	0.5 ~ 3.0
폴리아세틸 (POM)	1.5 ~ 5.0
스티렌 & AS	1.0 ~ 4.0
아크릴	1.5 ~ 5.0
경질 염화 비닐	1.5 ~ 5.0
폴리카보네이트	1.5 ~ 5.0
셀룰로스 아세테이트	1.0 ~ 4.0
ABS	1.5 ~ 4.5
PBT	0.5 ~ 5.0

3. 빼기 구배

사출제품을 금형에서 쉽게 취출하기 위하여 제품 측면에 구배를 주는 것으로, 구배는 클수록 금형에서 쉽게 빠지지만 사출제품의 형상과 치수, 재료, 금형 구조, 금형의 가공면 상태 등에 따라 그 범위 안에서 적절하게 선정하는 것이 필요하다. 대표적으로 케이스와 같은 경우에는 제품의 전체 둘레의 두께가 얇고 깊으므로 제품의 내, 외곽면 전체에 구배를 넣게 된다. 그 외 일반적으로 제품 형상 중에서 리브나 보스 등에 구배를 준다.

빼기 구배 설계 기준

- 조립 공차 안에서 구배값을 정하게 되는데 일반적으로는 1˚~2˚로 하며, 최소 구배 한도는 1/4˚로 한다.

- 제품 내측 면의 빼기 구배를 외측 면보다 크게 한다.
- 유리 섬유, 탄산칼슘, 탈크 등을 충전한 성형 재료는 특성상 성형 시 취출이 어려우므로 구배를 일반적인 구배값보다 크게 주는 것이 좋다.

4. 홀

제품을 성형하게 되면 수지와 수지가 만나는 면에 웰드 라인이 생기는 것이 일반적으로, 게이트가 두개 이상이 경우에 거의 나타나게 된다. 웰드 라인은 외관상으로도 보기 좋지 않을 뿐만 아니라, 응력이 집중되어 취약해지며 파손의 원인이 된다. 특히, 웰드 라인이 나타날 예상 부위에 있는 홀이 기능적으로 사용되어 제품을 체결하거나 하는 경우에는 홀의 강도가 약해져 파손 등의 우려가 발생하므로 웰드 라인의 위치를 고려하여 홀의 위치, 크기 등을 설계해야 한다.

홀 설계 기준
- 홀과 홀 사이의 간격은 홀 지름의 2배 이상이 되도록 한다.
- 홀 주위의 제품 두께는 홀 지름과 같게 한다.
- 제품의 외곽에서 홀의 중심까지의 거리는 홀 지름의 3배 이상으로 한다.
- 수지의 흐름 방향과 수직으로 만나며 깊이가 있는 형상의 홀의 경우 홀 지름이 1.5mm 이하가 되면 성형 시에 성형 수지의 압력으로 인해 홀 성형용 금형 핀이 휘게 되는 경우가 있으므로 홀의 깊이가 홀 지름의 2배 이상은 되지 않도록 직경과 깊이를 계산하여 설계하는 것이 좋다.
- 다수의 홀을 설계해야 하는 경우에 성형 시 웰드 라인 및 내부 응력을 고려하여 수지 및 성형조건에 따라 홀의 위치와 간격을 정한다.

(5) 보스

보스는 홀 설계 시 홀을 보강하거나 상대물과의 조립에 사용되거나, 지지하기 위한 용도로 많이 사용된다. 보스의 두께는 수축을 고려하여 정하는 것이 좋다.

홀 설계 기준
- 두께를 두껍게 하면 싱크 마크의 원인이 되므로 설계 시 주의해야 한다.
- 보스의 높이가 높을수록 성형 시에 금형 내부에서 원재료의 가스나 잔류 공기가 빠져나가기 어렵게 되어, 미충진이 발생하거나 수지가 타는 등의 현상이 발생하게 되므로 이러한 경우에는 보스 주위에 리브를 추가로 설계하여 보완한다.
- 탭핑용 보스의 경우 : 내경은 나사의 피치를 고려하여 정하고, 외경은 나사 체결 후의 강도를 유지할 수 있도록 설계해야 한다.

바. 리브 설계

리브는 말 그대로 갈빗대와 같이 설치하여 제품의 강도를 증가시키는 역할을 하며, 수지의 흐름도 원활해지므로 제품의 성형 시에 도움을 줄 수 있다. 그러나 리브 역시 위치나 두께 등을 적절히 설계해야 그 효과를 볼 수 있다.

리브 설계 기준

- 리브의 높이는 보통 사출제품 두께의 3배로 하고, 리브의 두께는 사출제품 두께의 2/3정도로 하는 것이 일반적이다.
- 리브 면과 제품 면의 경계에는 R형상을 주어 수지의 흐름을 좋게 한다.
- 리브의 효과를 증가시키기 위해서는 리브의 두께나 높이를 키우는 것보다는 리브의 수를 늘리는 것이 좋다. 리브의 두께나 높이는 수축이나 갈라짐 등의 불량 발생과 밀접하게 연관되어 있으므로 설계 시 주의하여야 한다.
- 리브의 종류에는 일자, 삼각, 십자 리브 등이 있으며 용도에 따라 종류를 다르게 하여 설계한다.

2 제품 보강 설계 시 고려할 사항

제품의 변형 발생에는 여러 가지 원인이 있으나 성형 시 용융된 플라스틱 수지가 금형에 충진 후, 고화되면서 수축될 때 원재료의 이방성에 의해 발생되는 내부 응력으로 인하여 생기는 것이 대표적이다. 변형은 제품의 외관 및 기능의 불량에 큰 영향을 미치는 요소이므로 변형을 방지하기 위한 설계가 필요하다.

1. 측벽 보강 설계

제품 외관의 변형 방지와 강도 증가의 목적으로 제품 외곽에 테두리를 추가하거나 측면 두께를 단을 주어 설계하는 방법이 해당된다. 제품 두께에 비해 높이가 높아 형상의 변형이 일어날 수 있는 케이스류 등의 제품 설계 시에 적용한다.

2. 바닥 보강 설계

제품 두께에 비해 바닥면이 넓은 제품의 경우 역시 휨이 발생하기 쉬우므로 강도 유지 보강이나 변형 방지 목적을 위한 보강 설계가 필요하다. 이러한 경우에는 대개 물결 모양을 주거나 요철 등의 형상을 넣어 설계하게 된다.

3. 모서리 설계

제품 내부의 응력은 면과 면의 접촉되는 부분에 집중되므로 응력에 의한 변형을 감소시키기 위해서는 접촉 모서리 부분은 직각으로 설계하지 않고, R형상으로 설계하면 수지 충진 시 흐름을 좋게 하여 응력을 분산시키는 효과를 얻을 수 있다.

3 제품 치수 설계 시 고려할 사항

사출제품은 여러 가지 요인에 의해 치수의 변화가 생기게 된다. 사출제품의 치수 오차 발생의 주요 원인은 다음과 같은 것이 있으며 치수 설계 시에 이러한 오차의 요인을 고려하여 설계하여야 한다.

1. 성형 수축

금형의 온도가 높을수록, 사출제품의 살두께가 두꺼울수록 사출제품의 수축은 크게 발생하게 되며 이에 따라 치수도 변화의 정도가 크게된다. 또한, 수지의 흐름 방향과 직각 방향에 대한 수축의 편차 또한 사출제품 치수 변화에 큰 영향을 미치게 된다. 그러므로 재료의 성형 수축률을 고려하여 치수 설계를 하여야 한다.

2. 금형의 가공

금형을 제작하는 과정에서 치수에 대한 가공 정밀도와 파팅 라인이나 언더컷 처리 기구 등의 금형의 구조는 제품 치수에 영향을 미치게 된다. 일반적인 치수에서부터 평행도나 편심 등의 형상 공차 부분에까지 직간접으로 영향을 받게 된다.

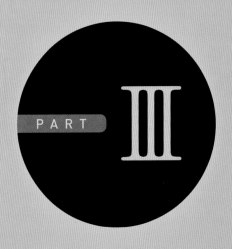

PART **III**

유동 시스템

01 러너 시스템

사출 금형은 플라스틱 사출제품을 생산하기 위한 필수도구이다. 사출제품의 형상을 가지고 있는 것을 캐비티라고 한다. 캐비티에 용융된 수지를 안내해 주는 역할을 하는 것을 러너라고 한다. 러너의 크기와 범주는 각종 플라스틱 종류와 특성에 따라 다르다. 플라스틱 재료에 따라서 비열, 열전도율, 점도 등이 각각 다르기 때문이다. 러너의 특징은 제품 성형을 위하여 용융수지를 안내하는 통로 역할이지 우리가 얻고자 하는 제품은 아닌 것이다. 그러나 러너의 크기는 제품의 품질과 플라스틱 재료비, 기업의 수익성과 매우 밀접한 관계를 가지고 있다. 열가소성 수지는 성형 후 러너와 스프루에 대한 재활용이 가능하여 그나마 재료 손실을 최소한 보상이 가능하지만, 열경화성 수지는 재활용 자체가 안되기 때문에 스프루와 러너의 최적화는 매우 중요한 관심사이다. 그래서 최적화된 러너 치수 설계는 매우 중요하다.

CAE(Computer Aided Engineering)는 컴퓨터를 이용한 공학적 해석을 의미하는 것으로 CAD로 작성된 형상을 컴퓨터 내에서 상세히 검토하여 그 데이터를 토대로 기계적 성질을 확보하고 원하는 형상으로 최적화하는 도구이다. 즉 CAE는 가상공간에서 전산모사를 통하여 제품의 성능이나 특성, 야기될 문제점을 금형 제작 전에 미리 예측하여 시행착오를 최소화하고 개발 기간의 단축, 공정 비용 절감 등을 실현하는데 유용한 도구이다.

그림 3·1
사출 압력 선도

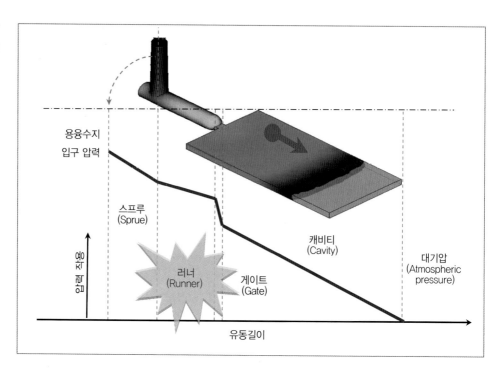

용융수지
입구 압력

스프루
(Sprue)

캐비티
(Cavity)

대기압
(Atmospheric pressure)

러너
(Runner)

게이트
(Gate)

사출 압력

유동길이

그림 3·1은 앞으로 다룰 사출성형 시 발생하는 사출 압력 변화를 도식적으로 표현한 것으로, 러너를 중심으로 러너의 형상과 특징, 설계 시 고려할 사항, CAE 해석 상에서 나타나는 거동 현상 등을 분석하고자 한다. 이 장에서는 러너에서 일어나는 다양한 물리적인 현상을 유체의 성질과 컴퓨터 해석(CAE)을 통하여 관련 지식을 습득하고자 한다.

1 러너의 형상 및 특징

러너의 형상은 제품의 형상과 설계 위치에 따라 여러 가지 형태를 적용할 수 있다. 금형설계 시에 어떤 형상인지 인지하고 적용하는 것은 매우 중요하다. 그림 3·2에서 나타난 바와 같이 여기서는 보편적으로 많이 사용하고 있는 원형, U형, 사다리꼴 등 3가지 형상을 중심으로 다루고자 한다.

우선 원형 형상 러너는 작은 단면인 반면에 중심에 이르는 냉각 속도가 늦고, 낮은 열과 마찰 손실을 최소화할 수 있어 다른 러너 형상에 비하여 우수하다. 더구나 효과적인 Packing & Holding 압력을 전달할 수 있고 수지 손실을 최소화하여 경제적인 러너 형상을 많이 적용하고 있다. 다만, 파팅 라인을 중심으로 가동측과 고정측에 각각의 반원형 형상으로 가공하고 형상 모서리가 눌리지 않도록 관리해야 한다.

그림 3·2
러너 형상과 특징

구분	원형	U형	사다리꼴
형상	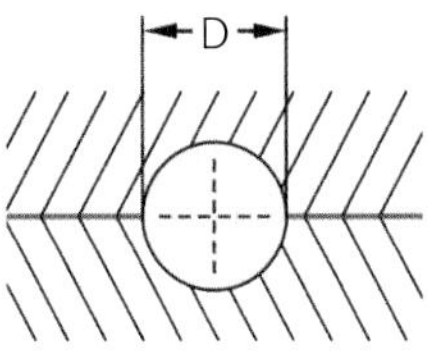 D = Smax + 1.5mm	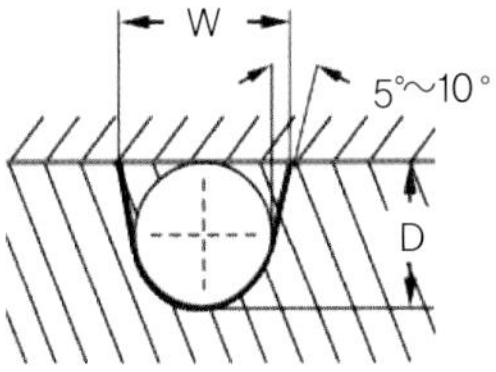 5°~10° D = Smax + 1.5mm W = 1.25 x D	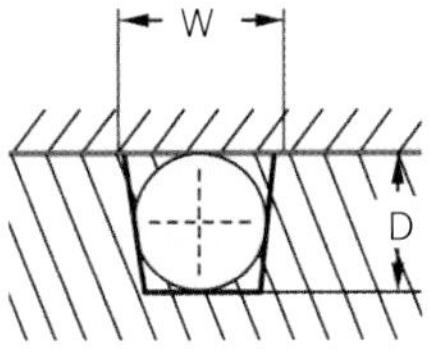 W = 1.25 x D
단면적 (Ø6.4)경우	32.2mm²	38.7mm²	41.6mm²
장점	작은 단면과 냉각 속도 늦음. 낮은 열과 마찰 손실 최소화. 효과적인 Packing & Holding 압력을 전달하고 수지 손실 최소화 강점	러너 형상 가동측에 가공하며 볼엔드밀을 이용 가공하고, 가장 적합한 단면 형상이며 유동성 뛰어남	러너 형상 가동측에 가공하며, 테이퍼나 평엔드밀을 이용하여 가공하기 쉽고 일반적으로 널리 사용
단점	파팅 라인을 중심으로 반원형 형상으로 가공, 관리 집중 요구	원형 단면에 비해 열손실과 스크랩이 많이 발생	U형 단면에 비해 열손실과 스크랩이 많고 유동성 저하

러너 직경은 사출제품의 최고 두꺼운 부분을 기준으로 1.5mm를 더하여 사용하고 있으나, 사출제품의 크기, 러너의 길이, 수지별 특성에 따라 계산하여 크기를 결정한다. 러너 직경은 러너 직경 구하기에서 소개하고자 한다.

두번째 U형 러너는 러너 형상을 가동측 한쪽에만 만드는 것으로 볼엔드밀을 이용 가공한다. 원형 가공에 비하여 공구경로를 이용하여 가공해야 하므로 다소 제작 공수가 늘어나지만, 러너로서는 가장 적합한 단면 형상으로 유동성이 우수한 장점이 있다. U형 형상은 원형 단면에 비해 열손실과 스크랩이 많이 발생하여 열경화성 수지를 이용하는 러너에는 최적화되지 않으며 재료 손실이 많이 발생할 수 있다.

사다리꼴 형상의 러너는 가동측에만 설치하는 것으로 테이퍼 엔드밀이나 평엔드밀을 이용하여 가공하며, 가공하기 쉽고 일반적으로 널리 사용되고 있다. 다만, 원형 러너에 비하여 약 29.2%의 수지량이 필요한 만큼 단면의 형상이 크며 열손실과 유동성이 떨어지고 스크랩이 많이 발생한다.

2 러너 설계

러너 설계의 기준은 우선 압력 전달 측면에서는 최대 단면적 형상이 되어야 하고 열 전달 측면에서는 원주 표면적이 최소여야 가장 효율적인 러너의 역할을 한다. 용융수지의 온도 저하를 최소화하기 위해서는 러너 형상의 단면적을 원주길이(단면적/원주길이)로 나누어 최대값이 되는 형상이 동일 유량에 대하여 가장 유동저항이 적고 열손실이 적은 형상인 것으로 확인되었으며 원형과 정사각형이 있다. 다만, 정사각형은 빼기구배가 없어 구배를 줘야 하는 불편함이 있고 구배를 줬을 경우 추가로 재료 손실로 이어지는 부작용이 있어 일반적으로 원형 단면이 가장 많이 사용되고 있다. 아울러, 설계 시 고려할 사항과 러너 치수를 결정할 때 고려 사항은 아래와 같다.

러너 설계 시 고려 사항

- 러너의 단면 형상은 사출제품의 살두께보다 크게 하기
- 러너의 길이는 가능한 짧아야 하며 냉각라인을 고려 하기
- 사출제품의 형상과 캐비티의 배열을 고려 하기
- 노즐을 통과한 용융수지의 온도는 캐비티까지 유지하도록 설계 하기
- 러너 내에서 압력 손실은 최소화 하기(압력 손실 수식 참조)
- 다수 캐비티 충전 시 러너 밸런싱을 계산 하기
- 가능한 러너의 체적은 성형제품보다 작게 하기(단, 사출제품의 재질과 크기에 따라 다를 수 있음)
- 낮은 융용수지가 캐비티에 유입되지 않도록 콜드 슬러그 웰(cold slug well) 설계 하기

러너 치수 결정할 때 고려 사항

- 사출제품의 살두께 및 중량, 스프루와 러너에서 캐비티까지의 거리, 러너의 냉각, 러너 가공 공구의 형상, 사용 수지 등의 검토가 필요하다.

- 러너의 단면 형상은 성형제품보다 러너가 먼저 고화되는 현상이 발생하지 않도록 사출제품의 살두께보다 크게 하고 러너의 단면 형상이 성형제품보다 작으면 러너가 먼저 고화되는 현상이 발생하여 성형상의 각종 트러블을 야기시킨다. 용융수지가 고화되어 더 이상 유동이 일어나지 않는 것을 천이온도(Transition Temperature)라고 한다. 일반적으로 컴퓨터 해석 결과에서 천이온도는 수지 메이커에서 제공하고 있다. 제품에 따라 성형제품의 고화가 80~90% 수준에 도달하면 취출이 가능한 시점으로 진단하며, 사이클 타임을 예측하기도 하고 러너는 50~60% 정도 고화가 진행되면 취출이 가능하여 전체 사이클 타임에 막대한 영향을 미치므로 러너의 크기는 중요하다.

- Ø3.2mm 이하의 러너는 소형 사출제품에 적용하며, 일반적으로 길이 20~30mm가 필요한 2차 러너에 주로 적용한다.

- 러너의 길이는 가능한 짧아야 한다. 왜냐하면 사출제품의 크기와 형상에 따라 길이가 다르게 나타날 수 있으며 설계 시 사전에 발견하지 못하면 손실 비용이 많이 들어간다. 러너의 단면과 길이의 최적화 기술은 전산모사와 실험계획법으로 제시하게 될 것이다.

- 러너의 형상에 따라 성형사이클이 달라지는 설계는 지양해야 한다. 대부분의 수지에는 Ø9.5mm 이하에서 이루어지도록 추천하고 있으며, 경질 PVC나 PMMA(아크릴)처럼 유동성이 좋지 않은 수지는 Ø13.0mm 정도까지 사용하고 있다.

- 콜드 슬러그 웰(cold slug well)의 크기는 보통 러너 지름의 1.5~2.0배로 한다. 슬러그 웰의 길이가 짧게 되면 스프루를 통하여 유입되는 용융수지가 고화층을 안고 진행하고 있기 때문에 고화층의 일부를 슬러그 웰에 담기도록 하는 것이다. 사출성형 시 고화층 유입을 허용하면 플로마크 등 사출제품 외관에 불량의 원인이 제공하게 된다. 러너와 직접 닿아 있는 스프루의 슬러그 웰도 같은 임무를 맡고 있다. 또한 스프루 끝단의 콜드 슬러그 웰은 직접 게이트를 제외하고는 스프루를 가동 측 형판에 확실하게 붙어 있게 하는 역할도 하고 있어 콜드 슬러그 웰은 사출성형 공정에 있어서 매우 중요하다.

표 3·1은 러너 지름을 결정하기가 곤란하거나 계산하기 쉽지 않을 경우 열가소성 수지에 대한 성형 재료별 러너 단면 크기를 추천하고 있다.

성형 재료별 권장 러너 지름 [표 3·1]

재료	러너 지름 (Ømm)
ABS, SAN	4.7~9.5
아세탈 (Acetal)	3.1~9.5
아크릴 (Acrylic)	7.5~9.5
셀루로우스아세테이트 (Cellulosics)	4.7~9.5
아이오노머 (Ionomer)	2.3~9.5
나이론 (Nylon)	1.5~9.5
폴리카보네이트 (Polycarbonate)	4.7~9.5
폴리에스터 (Polyester)	4.7~9.5
폴리에틸렌 (Polyethylene)	1.5~9.5
폴리프로필렌 (Polypropylene)	4.7~9.5
폴리페닐렌 • 옥사이드 (PPO)	6.3~9.5
폴리설폰 (Polysulfone)	6.3~9.5
폴리스틸렌 (Polystyrene)	3.1~9.5
PVC	3.1~9.5

표 3·2는 사출제품의 중량과 투영 면적에 대한 러너 단면의 지름 관계를 표시한 것으로 러너 크기를 결정하는데 유익한 정보가 될 것이다.

러너 지름과 사출제품의 중량과 투영 면적에 대한 상관 관계 [표 3·2]

러너 지름과 중량		러너 지름과 투영면적	
러너 지름 (mm)	사출제품 중량 (g)	러너 지름 (mm)	사출제품 투영면적 (㎠)
4	소형품	6	10 이하
6	80 이하	7	50 이하
8	300 이하	7.5	200 이하
10	300 이상	8	500 이하
12	대형품	9	800 이하
		10	1200 이하

표 3·3은 러너 지름과 러너 길이의 상관 관계이다. 저점도와 고점도의 수지에 따라 러너 길이가 다르다는 점을 유의해야 한다.

러너 지름에 따른 최대 러너 길이 [표 3·3]

러너 지름 (mm)	최대 러너 길이 (mm)	두께 (단위 : mm)
	저점도 (Low Viscosity)	고점도 (High Viscosity)
3	100	50
6	200	100
9	280	150
13	330	175

3 러너 치수 계산

러너의 크기는 생산성과 생산효율 측면에서 매우 중요한 사항이므로 러너의 치수를 계산하는 3가지 방법을 가지고 소개하고자 한다. 하나는 경험적 그래프를 가지고 결정하는 방법이고, 나머지 두 가지 방법은 수식을 가지고 계산하는 방법이다.

1. 그래프를 가지고 러너의 지름을 결정하는 방법

그림 3·3은 두께 3mm 이내 성형제품의 러너 지름을 구하는 방법으로 경험적 관계식은 식 2-1의 계산식으로 구할 수 있다. 단, 유동성이 좋지 않은 고점도 수지(PVC, PMMA 등)는 약 25% 증가한 러너 치수를 적용할 수 있기를 권장한다.

예를 들면, 수지는 폴리에틸렌으로 사출제품 중량 120g, 유동 길이는 50mm일 때 적색 라인을 따라가면 러너 지름은 약 8.0mm가 된다. 이론적으로 1차 러너의 단면은 약 7.0~8.0mm 범위에서 반영하면 좋다. 식 2-1로 계산하면 7.87mm이다.

여기서, 2차 러너 지름을 구하는 계산식은 '2차 러너 지름 = 1차 러너 지름 / [2차 러너 개수]$^{1/3}$'이다.

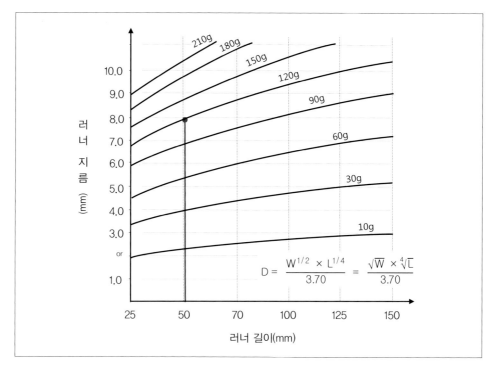

그림 3·3
두께 3mm 이내의
사출제품의 러너 지름
구하기

2. 수식을 가지고 러너 치수를 계산하는 방법

여기에는 중요한 두 가지 경험식이 있다. 하나는 원형 러너의 압력 손실을 예측하며 러너의 크기를 결정하는 계산식이고 , 다른 하나는 러너의 길이와 사출제품의 중량으로 계산하는 계산식이다. 양쪽 다 유용한 계산방법이므로 잘 활용하면 큰 도움이 된다.

첫번째 수식은 그림 3·3을 뒷받침하는 경험적 수식이다. 이 식은 매우 근사된 결과 값을 제공한다.

$$D = \frac{W^{1/2} \times L^{1/4}}{3.70} = \frac{\sqrt{W} \times \sqrt[4]{L}}{3.70} \qquad (2\text{-}1)$$

여기서
D = 러너 지름 (mm),
W = 사출제품 중량 (g),
L = 러너 길이 (mm),

두번째 수식은 압력 손실을 어떻게 가지고 갈 것인가에 따라 러너 지름을 구할 수 있는 것이다. 러너의 유동 길이가 길고, 수지량이 많고, 점도가 클수록 유동저항이 크고 압력 손실 (ΔP)이 많이 일어나는 것을 알 수 있다.

$$\Delta P = \frac{8Q\eta L}{\pi R^4} \tag{2-2}$$

여기서

ΔP = 압력 손실 (kg/cm^2),

Q = 유량 (cm^3/sec),

η = 점성계수 (kg·cm/cm^2)

1 poise = 1dyne·sec/cm^2 = 1,0204 x 10^{-6}kg·sec/cm^2

상기 식을 통하여 스프루에서 캐비티까지의 러너 거리는 러너 단면적의 크기를 어떻게 선택하느냐에 따라 영향을 받는다는 사실을 알 수 있다.

4 러너 사례 분석

1. 목적 : 러너 지름의 유체거동 분석

(1) Analysis Data

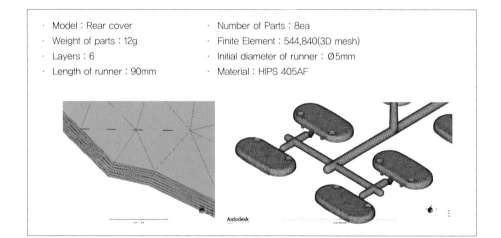

- Model : Rear cover
- Weight of parts : 12g
- Layers : 6
- Length of runner : 90mm
- Number of Parts : 8ea
- Finite Element : 544,840(3D mesh)
- Initial diameter of runner : Ø5mm
- Material : HIPS 405AF

식 2-1을 사용하여 계산하면 러너는 Ø2.88mm = Ø3.0mm이다. 그림 3·3을 통하여 러너 지름을 추적하더라도 약 Ø3.0mm임을 발견할 수 있다. 본 주제에서는 설계자가 설정한 Ø5.0mm를 기준으로 단계별로 컴퓨터 해석을 진행하고 각 단계별로 어떤 거동현상이 나타나는지를 분석하고자 한다.

(2) Process Condition

구분	Rear Cover
Mold surface temperature	60
Melt temperature	235
Filling control	Automatic
Cushion warning limit	Automatic
Starting ram position	Automatic
V/P	98%
Packing pressure vs time	0~10sec, 80%
Cooling time	20sec

(3) 실험 위치

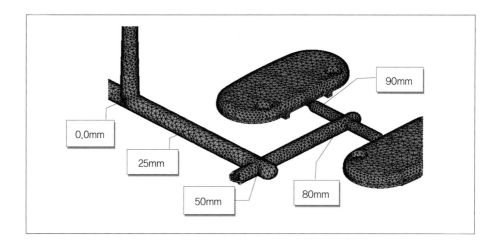

Analysis Results (1)

구분	사출 시간 (sec)	러너 온도 (℃)	러너 압력 (Mpa)
Ø3.0			

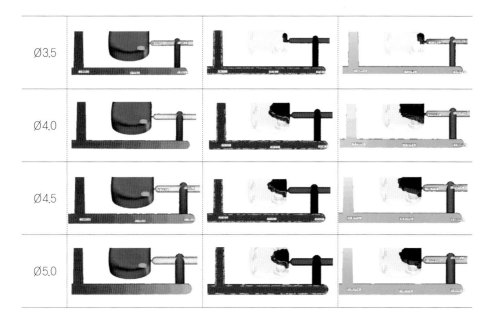

Ø3.5			
Ø4.0			
Ø4.5			
Ø5.0			

Analysis Results (2)

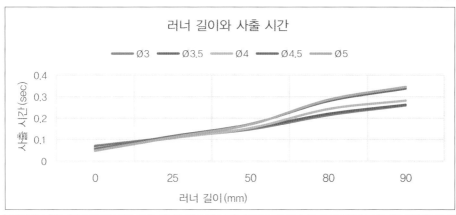

러너 길이와 사출 시간

Ø3 ― Ø3.5 ― Ø4 ― Ø4.5 ― Ø5

사출 시간(sec)

러너 길이(mm)

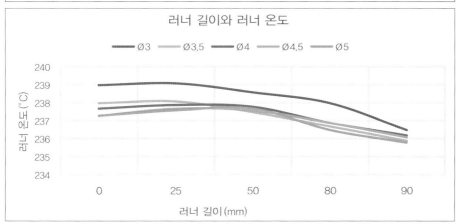

러너 길이와 러너 온도

Ø3 ― Ø3.5 ― Ø4 ― Ø4.5 ― Ø5

러너 온도(℃)

러너 길이(mm)

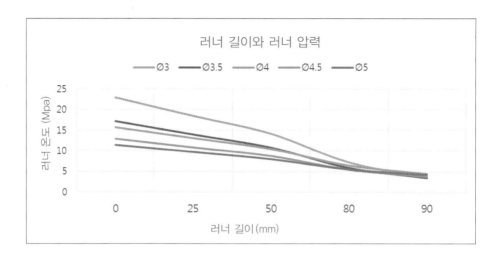

5 Summarized Runner Results

유체의 성질 중에서 유체의 속도와 압력 사이의 관계는 베르누이법칙을 따르면 된다. Analysis results (2)의 결과를 분석하면 러너에 작용하는 사출압력은 유동 길이에 반비례하는 것을 확인할 수 있다. 그래프에서 확인할 수 있듯이 동일한 압력이 가해졌을 때 러너의 지름에 따라 첫번째 실험 위치에서 Ø3.0은 높은 압력과 낮은 속도를 발견할 수 있다. Ø5.0은 낮은 압력과 빠른 속도로 나타나고 있다.

마찬가지로 러너의 크기와 사출 시간을 통하여 확인할 수 있듯이 단면적이 크면 속도가 떨어지고, 사출 시간이 늘어나며 단면적이 작으면 속도는 빨라지고 사출 시간이 짧아지게 되는 것을 알 수 있다. 이것은 유체의 성질 중 연속방정식으로 증명할 수 있다.

러너에서 유체 온도는 단면적이 작은 Ø3.0mm에서는 역시 빠른 속도의 영향으로 수지 온도가 상승하고 있으며, 나머지 러너 지름에서는 유사한 온도 차이를 나타내고 있다.

상기 실험 데이터는 그림 3·3과 관계식 2·1를 활용할 시 러너 지름은 약 Ø3.0mm를 제시하였으나, 컴퓨터 해석을 통한 현재 상태에서 적정한 러너 지름은 Ø3.5mm로 판단할 수 있다. 이것은 어디까지나 러너에 한하여 분석한 결과이지 게이트와 사출제품을 포함한 분석은 아니기 때문에 게이트와 성형형품과의 분석이 완료되면 최적의 러너 지름과 길이, 사출성형 조건을 찾을 것으로 기대된다. 앞으로 사출성형 현장에서 성형조건을 관리할 때 매우 유익한 이론적 배경이 될 것이다.

6 러너의 레이아웃

러너의 레이아웃은 캐비티 배치와 밀접한 관계가 있다. 러너의 길이를 감안하면 직선 배열이 가장 짧고 경제적인 레이아웃이라고 할 수 있다. 고품질 성형을 얻기 위해서는 러너 밸런싱이 우수하고 열 손실을 최소화하기 위하여 가능한 한 H형 배열과 O형 배열을 권장한다.

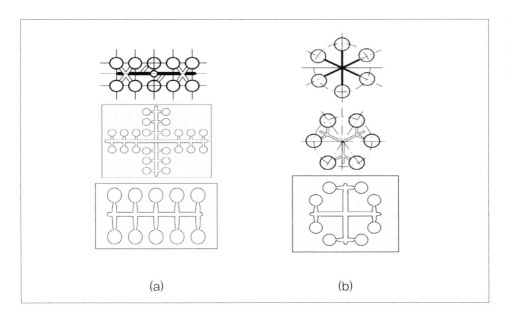

그림 3·4
다수 캐비티의 밸런싱이 필요한 러너 레이아웃 (a)과 밸런싱을 갖춘 레이아웃 (b)

(a) (b)

그림 3·4. 다수 캐비티의 밸런싱이 필요한 러너 레이아웃 (a)과 밸런싱을 갖춘 레이아웃 (b)

7 러너 전산모사

앞에서 전산모사를 통하여 실험한 결과를 요약하여 각 러너의 크기에 따라 사출 시간, 수지 온도, 러너 압력에 어떤 영향을 미치고 있는지 관찰한 바 있다. 아울러, 메인 러너의 직경을 어떻게 선정할 것인가에 대하여 도식적으로 제시하고 근거를 수식화하여 제시하였다.

이번에는 경험이 풍부한 설계자가 러너 레이아웃을 설계하고 금형설계가 완료되어 제작까지 완료된 데이터를 분석하고, 이미 앞에서 제시하였던 1차, 2차, 3차 러너의 설계방법에 따라 설계한 것과 최적화된 것은 아니지만 전산모사를 통하여 제시된 결과를 경험적으로 판단하여 설계자에게 제시하고자 하는 결과 값을 분석하기로 한다. 이러한 3가지 유형을 가지고 러너 설계의 중요성을 제시하고자 한다. 해석 조건은 다음의 Analysis data와 유동해석 Process condition을 기준으로 하였다.

1. Analysis Data

- · Model : Rear cover
- · Weight of parts : 88g
- · Layers : 6
- · Length of runner : 'Design Condition 참조'
- · Number of Parts : 8ea
- · Finite Element : 544,840(3D mesh)
- · diameter of runner : 'Design Condition 참조'
- · Material : HIPS 405AF

2. Process Condition

구분	Rear Cover
Mold surface temperature	60
Melt temperature	235
Filling control	Automatic
Cushion warning limit	Automatic
Starting ram position	Automatic
V/P	98%
Packing pressure vs time	0~10sec, 80%
Cooling time	20sec

전산모사 실험에 필요한 경우의 수는 아래 Design condition을 근거로 실시하였다. '설계A'의 의미는 경험이 풍부한 금형설계자가 설계한 설계 데이터란 의미이다. '설계B'는 설계자가 쉽게 결정할 수 있는 도식적 방법을 통하여 러너의 크기를 결정하고, 2차와 3차 러너의 크기는 수식에 따라 결정하여 제시한 것을 말한다. '설계C'는 앞에서 제시한 성형 결과 값과 러너 치수를 근거로 사출제품과 러너의 크기, 냉각라인 설계 등을 고려하여 결정한 러너 설계이다. 각 러너 설계에 따라 어떤 차이와 특성이 있는지 확인하고 설계자의 결정에 도움을 제공하고자 한다.

3. 러너 레이아웃과 치수

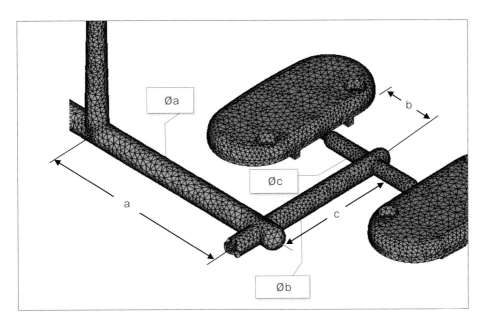

그림 3·5
사출제품 러너
레이아웃과 치수

4. 해석조건과 결과

Design Condition [표 3·4]

구분	설계A	설계B	설계C
a (mm)	45	45	33
b (mm)	30	30	25
c (mm)	12	12	7
Øa (mm)	5.0	5.0	3.5
Øb (mm)	4.0	4.0	2.8
Øc (mm)	4.0	3.2	2.3
전체 중량 (g)	130	127	105
러너 중량 (g)	42	39	17
사출제품 중량 (g)	88	88	88

해석 결과 (러너 중심)

구분	설계A			설계B			설계C		
	ⓐ	ⓑ	ⓒ	ⓐ	ⓑ	ⓒ	ⓐ	ⓑ	ⓒ
Fill time (s)	0.216	0.349	0.437	0.171	0.286	0.347	0.116	0.173	0.192
Pressure at V/P (MPa)	7.65	4.99	3.69	11.23	8.497	6.932	12.960	8.008	4.433
Pressure at end (MPa)	9.89	8.13	7.39	11.39	9.98	8.66	13.60	10.21	7.69
Pressure (MPa)	13.81	13.27	12.96	7.68	6.61	2.81	8.933	3.456	0.0
Shear rate (1/s)	455	341	5,607	596	509	37,605	762	619	38,896
Temperature (℃)	223.6	204.5	79.81	223.2	208.9	89.1	208.2	178.0	77.82
Velocity (cm/s)	29.03	26.80	192.4	69.14	52.90	780.1	113.8	99.13	678.4
Average Shrinkage (%)	7.87	7.73	5.89	7.795	7.077	3.906	6.289	5.162	3.429

설계A는 사출 속도가 1.347초이다. 수지의 유동 속도는 러너 게이트부에서 1.34초에 약 Max 192.4cm/s 속도로 충진되고 있다. 약 7.2초에 이르면 천이온도(87도)에 다달으며 수지 흐름이 급격히 둔화되고 7.5초에는 더 이상 수지를 충진할 수 없도록 고화된 상태가 된다. 상기 수지 충진 온도값은 7.21초에서 러너의 수지 온도값이며, 사출 압력값은 3.48초에 작용하는 압력값이다. 7.21초에 충진이 가능했다 하더라도 사출 압력이 '0'되어 더 이상 충진이 안되기 때문에 사출조건을 조정할 필요가 있다. 압력이 결과적으로 설계C에서는 사출 시간+보압 시간은 6초 이내로 성형조건을 잡아야 정상적인 제품 성형이 가능하다는 판단을 할 수 있다. 따라서 이 시간 동안에 휨 문제, 수축 문제, 싱크 마크 문제 등을 해결하기 위한 고도의 분석 능력이 요구된다.

설계B는 사출 속도가 1.139초이다. 수지의 속도는 러너 게이트부에서 1.13초에 약 Max 780.1cm/s 속도로 충진되고 있다. 약 6.1초에 이르면 천이온도(87도)에 다달으며 수지 흐름이 급격히 둔화되고 6.15초에는 더 이상 수지를 충진할 수 없도록 고화된 상태가 된다. 상기 수지 충진 온도값은 6.13초에서 러너의 수지 온도값이며, 사출 압력값은 4.28초에 작용하는 압력값이다. 6.13초에 충진이 가능했다 하더라도 사출 압력이 '0'되어 더 이상 충진이 안되기 때문에 사출조건을 조정할 필요가 있다. 압력이 결과적으로 설계C에서는 사출 시간+보압 시간은 6초 이내로 성형조건을 잡아야 정상적인 제품 성형이 가능하다는 판단을 할 수 있다. 따라서 이 시간 동안에 휨 문제, 수축 문제, 싱크 마크 문제 등을 해결하기 위한 고도의 분석 능력이 요구된다.

설계C는 사출 속도가 1.139초이다. 수지의 속도는 러너 게이트부에서 1.1초에 약 Max 678.4cm/s 속도로 충진되고 있다. 약 5.0초에 이르면 천이온도(87도)에 다달으며 수지 흐름이 급격히 둔화되고 5.18초에는 더 이상 수지를 충진할 수 없도록 고화된 상태가 된다. 상기 수지 충진 온도와 사출 압력값은 5.18초에 러너의 수지 온도값이다. 결과적으로 설계C에서는 사출 시간+보압 시간은 5초 이내로 성형조건을 잡아야 정상적인 제품 성형이 가능하다는 판단을 할 수 있다. 따라서 이 시간 동안에 휨 문제, 수축 문제, 싱크 마크 문제 등을 해결하기 위한 고도의 분석 능력이 요구된다.

5. 각 부위별 해석 결과

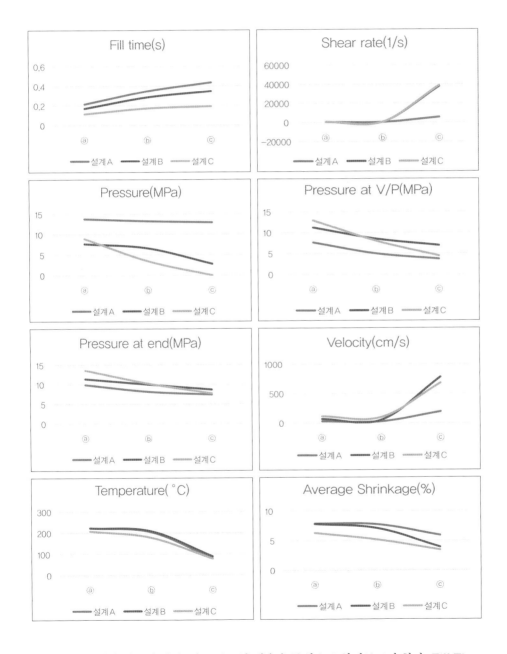

해석 상에서 판단 기준이 될 수 있는 주요한 내용을 중심으로 살펴보고자 한다. Fill Time

은 ⓐ 위치에 도달하는 시간을 확인 할 수 있다. ⓐ의 위치는 2차 러너의 교차점이다. 러너의 크기가 큰 설계A는 ⓐ 위치에 도달하는 시간이 0.216s이지만, 러너 크기가 작은 설계C는 0.116s에 충분히 도달하고 있다. 두 배 가까운 사출속도로 ⓐ 위치에 도달하는 것으로 보아 결과적으로 게이트 부위의 Shear rate 값을 확인할 필요가 있다. 유로가 작을수록 유체의 속도가 빠른 것은 비압축성 유체의 속성이다. 유체의 속성은 후반부에 다루고자 한다. 사출 시간과 고려해서 확인할 사항은 Shear rate이다. Shear rate의 기준은 수지메이커에서 제공하고 있다. Shear rate은 주로 게이트에서 발생하고 있으나 상대적으로 취약한 사출제품 구조에서도 나타날 수 있다.

Shear rate은 ⓐ, ⓑ 위치일 경우 각 설계자별로 거의 영향이 없으나 ⓒ의 경우 급격한 상승이 일어나고 있다. 이것은 Velocity와 비례한 것으로 그림에서 확인할 수 있듯이 설계A 는 29.03cm/s에서 192.4cm/s으로 완만한 속도를 유지하지만, 설계B와 설계C에서는 급격한 상승이 일어나고 있다. 이러한 속도는 ⓒ 위치에서 Shear rate의 급격한 증가로 나타난다. 다만, Shear rate 제한 범위 이내에 있기 때문에 결과적으로 설계C는 가장 효율적인 러너 설계값을 제공한 것으로 판단할 수 있다.

또한, 주어진 사출 속도에 준하여 러너 중심부의 온도를 체크하였으며 러너 끝단에서의 성형 온도를 확인할 수 있다. ⓐ 위치는 설계A, B는 거의 차이가 없으나 상대적으로 러너 크기가 작은 설계C는 온도가 떨어지고 있다. 이것은 사출 속도와 비례하므로 충진이 더이상 되지 않은 천이온도에 이르기 전에 캐비티 충진이 완료되는 것을 확인할 수 있다.

아래 그림은 설계C의 Velocity 상태를 나타낸 것으로 사출 시간 약 5.18s에는 수지유동이 단절되고 게이트가 완전 고화된 상태를 보여주고 있다. 나중에 다룰 내용이지만, 5.18s 이후에는 보압을 걸어도 수지유동이 일어나지 않기 때문에 사출 시간과 보압 시간을 확인하여 사출제품의 수축, 휨, 싱크 마크 등을 성형조건을 최적화하여 잡아야 한다. 성형조건 최적화는 다음에 다룰 것이다.

그림 3·6
설계C의
Velocity 상태

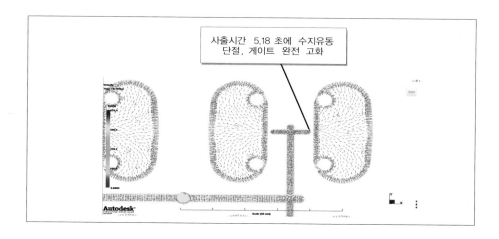

열가소성 러너 시스템에서 최우선으로 고려해야 할 사항은 가장 작고 효율적인 러너를 설계함으로써 사출성형으로 인한 원자재의 절약과 에너지 효율을 극대화하는데 있다. 그와 동시에 작은 러너 사이즈는 유동저항과 기계의 사출 용량에 따라 제한된다. 대부분 성형 기술자는 이 두 가지의 균형에 대한 중요성을 깨닫지 못하고 현장의 바쁜 일상에 쫓기며 개선의 기회를 놓치기 일수이다. 금형의 러너 시스템은 성형하는데 돈이 들지 않는 만큼 러너에 불필요한 재료가 들어가는 것을 최소화시켜야 한다. 러너 스크랩을 재생하더라도 무게와 사이즈를 최소화하는 것이 중요하다. 왜냐하면 재생 플라스틱 소재들은 반복적인 과정에서 수지 고유의 특성이 손상되고 사출제품 품질이 저하되기 때문이다. 알맞게 설계된 러너는 비용 절감뿐만 아니라 사출제품의 품질까지도 보증하게 된다.

예전부터 러너 설계에 대한 잘못된 지식들이 많았다. 일부는 아직도 성형 공장에서 일반적으로 통용되고 있다. 대부분의 사출성형 기술자와 금형 개발자들은 많은 양의 러너와 용융된 수지가 급속히 캐비티로 충진되어야 한다고 생각하였다. 또한 러너 시스템에서 캐비티까지 최소한의 압력 손실이 가장 좋다고 생각하였다. 러너의 크기는 이러한 통상적인 관념들을 통하여 설계되었고 성형에 적용되었다. 하지만 러너의 크기는 최소한의 러너 크기를 선택하는 것이 성형 재료를 다루는데 가장 중요한 역할을 하고 있다는 사실이 간과되었다.

우리는 표 3·4 Design condition에서 세가지 형태의 러너 설계자를 만났다. 여기서는 설계A와 설계C에 대한 두 개의 러너 시스템이 있다고 가정해 보자. 예를 들어 설계A의 러너 무게는 42g이고, 이에 대조적으로 설계B는 이보다 작은 17g의 러너로 설계되어 있다. 연간 생산 횟수가 500,000회라고 가정할 때,

- 설계 A, 러너 중량 = 500,000 × 42 = 21,000kg
- 설계 C, 러너 중량 = 500,000 × 17 = 8,500kg

수지 가격이 2,000원/kg일 경우, 설계A는 42,000원, 설계C는 17,000원의 비용이 소요되며, 설계C로 적용할 경우 연간 25,000원을 절약할 수 있다. 이것은 순순한 재료비만 다루게 된 것으로 전기료와 기타 추가 비용을 고려하면 상당한 비용을 절약할 수 있는 것이다.

8 유동저항과 러너 크기

일반적으로 다수 캐비티 금형의 러너일 경우 용융수지를 게이트까지 가능한 한 빠르게 흘러가게 하기 위해서는 러너의 직경을 크게 하고 과도한 냉각으로 영향을 받지 않도록 한다. 러너 단면이 너무 작으면 과도한 사출 압력이 요구되고 용융수지가 캐비티까지 도달하는데 시간도 많

이 걸린다. 러너가 크면 사출제품의 품질이 좋아지고 웰드 라인, 플로마크, 싱크 마크, 내부응력이 최소화되는 장점이 있다. 그러나 필요 이상의 러너 크기는 다음 4가지 요인을 수반하게 된다.

❶ 큰 러너일수록 더 많은 냉각이 요구되고 사이클 타임이 길어지게 된다.

❷ 커진 러너로 늘어난 용융수지 무게만큼 상대적으로 사출기계 용량이 커지게 된다. 이것은 캐비티에 충진되는 수지의 무게뿐만 아니라 실린더 내 가소화장치의 시간당 가소화 능력 측면에서도 영향을 준다.

❸ 러너가 클수록 더 많은 스크랩을 만들게 되는데, 그것들은 땅에 떨어지거나 재생되지만 결국 가동 비용과 오염의 가능성을 증가시키는 원인이 된다.

❹ 캐비티가 8개인 2단 금형일 경우 8캐비티 이상을 포함하고 있다. 즉, 설정된 범위의 캐비티에다 설정된 범위의 러너 시스템이 추가되기 때문에 상대적으로 형체력을 감소시키는 결과를 가져온다.

상기 내용을 바탕으로 그 동안 컴퓨터 해석 결과를 수치적으로 계산하여 해석 결과와의 비교를 통하여 해석 결과의 신뢰도를 확보하고 자신감 있는 해석을 할 수 있도록 그 근거를 제시하고자 한다.

컴퓨터 해석은 성형되는 수지의 유변학적 성질을 기반으로 하고 있다. 이 성질은 재료의 전단율과 여러 용융 온도에서 용융된 점도이다. 일반적으로 이러한 정보들은 수지 공급자들에게서 얻을 수 있고, 각각의 재료에 관하여 매뉴얼을 통하여 확인할 수 있다. 그림 3·7은 PA66의 용융 점도와 전단율 곡선이다. 러너를 결정할 때 한가지 계산만 가지고는 할 수 없기 때문에 합리적인 러너 크기를 위해 적절한 경험과 신속한 계산을 통하여 얻어내는 것이 필요하다.

그림 3·7
PA66의 용융 점도와
전단율 곡선

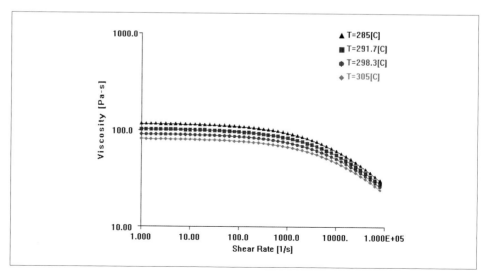

첫번째로 고려되어야 할 사항은 사출제품 무게, 배열 그리고 사출제품의 성능이나 외관의 요구사항 등이다. 예를 들면, PA66 수지를 이용하여 사출제품을 1~2초 내로 성형해야 한다고 할 때, 대다수 사출제품들은 직접적이지 않지만 비결정성 수지가 아니더라도 결정화되어 성형이 되고 고화되는 과정을 거친다.

러너를 결정하는 데는 용융수지가 러너를 통과할 때 발생하는 유동저항에 대해 이해하고 있어야 한다. 이 유동저항은 일반적으로 체적 유량이나 사출 속도, 용융 점도와 러너 단면의 면적에 의해 컨트롤된다. 비록 용융 점도가 낮을 경우 용융 온도를 올리는 것으로 가능하지만, 이런 이유로 압력이 저하되면 대부분 사출성형 수지들은 각각의 용융 온도를 가지고 있어서 빠른 사이클과 최고의 사출제품 품질을 가질 수 있다. 그러므로 러너를 결정하기 위해서는 각각의 용융 온도를 알고 있어야 한다. 이 온도는 플라스틱 수지메이커에서 제공하는 매뉴얼을 참고하면 된다.

또 다른 측면은 유동저항을 조절할 수 있는 적절한 크기를 가지고 있어야 한다. 고속 사출기를 제외하고 범용 사출성형기는 일반적으로 150 MPa 정도의 사출 압력을 가지고 있다. 보통 금형을 설계할 때는 기계의 용량을 감안하여 사출 압력은 기계의 용량보다 약 80% 이내로 설계하는 것이 바람직하다. 적절한 값은 70~110MPa 정도이다. 사출제품의 형상이 아주 길거나 얇을 경우, 대부분 사출 압력이 34MPa 정도이면 사출과 보압을 걸어 사출제품을 생산하는데 문제가 없다. 여기서 보여줄 예시는 70MPa 사출 압력을 가정한다.

아울러, 여기서 확인하려는 것은 수식을 근거로 계산하여 유동저항이 70MPa에 도달할 때까지 반복해서 유효한 러너의 크기를 계산하는 방법을 제시하고자 한다.

다음 사례를 통하여 수식적으로 접근할 수 있다.

러너 계산식

러너 설계 인자 [표 3·5]

구분	설계A	설계C
수지명	PA66	PA66
사출 시간 (s)	1.34	1.13
캐비티 (개)	8	8
비중	1.0	1.0
사출제품 중량/개 (g)	11	11
전체 중량 (g)	88	88
러너 직경 (1차, 2차, 3차) (cm)	0.5, 0.4, 0.4	0.35, 0.28, 0.23
1차 러너 길이 (cm)	9.0	6.6
2차 러너 길이 (cm)	12.0	10.0
3차 러너 길이 (cm)	9.6	5.6

그림 3·8
2단 금형의 8 캐비티
러너 시스템

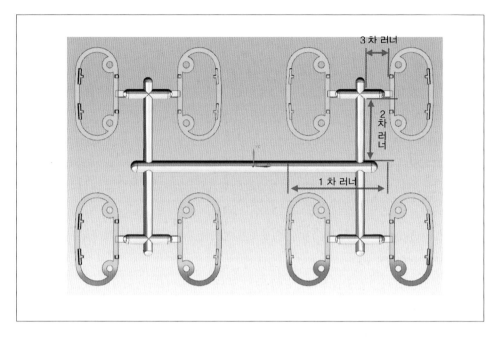

그림 3·8은 8개 캐비티로 구성된 러너 레이아웃이다. 러너의 형상은 원형이고 재료의 비중은 1.0이다.

표 3·5는 확정된 매개변수이며, 사출제품 무게는 11g으로 8캐비티를 포함한 사출제품 전체 무게는 88g이다. 러너 길이는 1차, 2차, 3차로 구분하였다. 사출 시간은 설계A 1.34s, 설계 C 1.13s 로 설정한다. 계산에 앞서 먼저 경험과 설계현장에서 사용하는 방법으로 러너의 크기를 결정할 필요가 있다. 러너의 크기를 결정하는 방법는 앞의 내용을 참고하기 바란다. 러너 체적은 V이고 다음으로 계산된다.

- V = $\pi r^2 L$
- r = 러너 반지름
- L = 길이

러너별 체적 [표 3·6]

구분	설계A	설계C
1차 러너 체적 (cm³)	1.76	0.63
2차 러너 체적 (cm³)	1.51	0.62
3차 러너 체적 (cm³)	1.21	0.23
합계	4.48 cm³	1.48 cm³

러너 체적을 구하는 식은 다음과 같다.

$$V_r = \pi \times r2 \times L$$

러너의 크기는 상기 러너 설계 인자를 참고한다.
전체 사출 체적 (사출제품 + 러너)
- 설계A = 88.0 + 4.48 = 92.48 cm^3
- 설계C = 88.0 + 1.48 = 89.48 cm^3

용융수지는 스프루와 1차 러너에서 두 개의 러너로 갈리는 교차 지점에서 러너 한쪽의 유동 저항을 계산해야 한다. 용융 수지량은 1차 러너의 한쪽을 통하여 설계A는 46.24cm^3 만큼 충진되고, 설계C는 44.74cm^3 만큼 충진된다. 사출 시간에 따라 1.34초 동안 채워지는 설계A의 유량은 34.5cm^3/sec이고, 설계C의 유량은 1.13초 동안 39.6 cm^3/sec이 되는 것이다. 이것이 바로 사출 유량값이며 'Q' 라고 한다.

메인 1차 러너의 사출 전단율 Sr은, 다음과 같이 계산한다.
- 설계A, 사출 유량 = 46.24/1.34 = 34.5 cm^3/sec
- 설계C, 사출 유량 = 44.74/1.13 = 39.6 cm^3/sec
- 설계A, Sr = 4Q/$\pi \times r^3$ = 4 x 34.5 / 3.14 x (0.25)^3 = 2,816sec^{-1}
- 설계C, Sr = 4Q/$\pi \times r^3$ = 4 x 39.6 / 3.14 x (0.175)^3 = 9,428sec$^{-17.947}$

전단율과 용융 점도는 그림 3·7의 용융 점도와 전단율 곡선에서 찾을 수 있다.
예를 들어 용융 온도 약 290도에서 점도는 μ=100Pa−s이다.

다음은 사출 전단응력 Ss를 계산할 수 있다.
- 설계A, Ss = μ x Sr = 100 x 2,816 = 0.286MPa
- 설계C, Ss = μ x Sr = 100 x 9,428 = 0.943MPa

따라서, 메인 1차 러너의 유동저항 △P$_1$은 다음과 같이 계산된다.
- 설계A, △P$_1$ = Ss x 2 x (L/2)/r = 0.281 x 2 x 4.5 /0.25 = 10.1MPa
- 설계C, △P$_1$ = Ss x 2 x (L/2)/r = 0.943 x 2 x 3.3 /0.175 = 35.5MPa

2차 러너는 계산식은 다음 사항을 고려해야 한다.
전체 사출 유량은 Q에서 각 방향의 유량은 Q/2이다. 이 값에 1차 러너의 체적을 빼주고 2로 나누어 주면 2차 러너로 유입되는 유량을 구할 수 있다. (유량은 2차 러너에서도 분리되는 것을 기억해야 한다.)

2차 러너 유량 Q는
- 설계A, $Q = Q/2 - (\pi \times r^2 \times L/2) /2 = 45.36/2 = 22.67 \, cm^3$
- 설계C, $Q = Q/2 - (\pi \times r^2 \times L/2) /2 = 44.74/2 = 22.21 \, cm^3$

그러므로 2차 러너에서 사출 유량은 설계A $22.67 \, cm^3/1.34s$이므로 $16.92 \, cm^3/s$ 만큼씩 충진되며, 설계C는 $22.21 \, cm^3/1.13s$이므로 $19.65 \, cm^3/s$ 만큼씩 충진된다.

따라서, 2차 러너의 사출 전단율 Sr은 다음과 같이 계산한다.
- 각 사출 유량 = $16.92 \, cm3/s$, $19.65 \, cm^3/s$이므로
- 설계A, $Sr = 4Q/\pi \times r^3 = 4 \times 16.92 / 3.14 \times (0.2)^3 = 2.707 sec-1$
- 설계C, $Sr = 4Q/\pi \times r^3 = 4 \times 19.65 / 3.14 \times (0.14)^3 = 9.118 sec-1$

2차 러너에서 사출 전단응력 Ss를 계산할 수 있다.
- 설계A, $Ss = \mu \times Sr = 100 \times 2.707 = 0.27 MPa$
- 설계C, $Ss = \mu \times Sr = 100 \times 9.118 = 0.91 MPa$

따라서, 2차 러너의 유동저항 △P는 다음과 같이 계산된다.
- 설계A, $\triangle P_2 = Ss \times 2 \times (L/2)/r = 0.27 \times 2 \times 3 /0.2 = 8.1 MPa$
- 설계C, $\triangle P_2 = Ss \times 2 \times (L/2)/r = 0.91 \times 2 \times 2.5 /0.14 = 32.5 MPa$

전체 사출유량은 3차 러너는 1차 러너와 2차 러너의 용량을 뺀 값으로 계산하거나, 3차 러너의 체적과 전체 체적을 더하여 캐비티 수로 나누어 주면 된다.
각각 통하여 1차 러너와 2차 러너 체적을 뺀 값으로 계산하거나, 간단하게는 3차 러너의 전체 체적과 전체 사출제품 체적을 더해서 8캐비티로 나누면 된다.

3차 러너 유량 Q는
- 설계A, 3차 러너 $V_{r3} = 1.21 \, cm^3$
- 설계C, 3차 러너 $V_{r3} = 0.23 \, cm^3$
- 설계A, $V_3 = (88 + 1.21) / 8 = 11.15 \, cm^3$
- 설계C, $V_3 = (88 + 0.23) / 8 = 11.03 \, cm^3$

그러므로 3차 러너에서 설계A는 사출 유량은 11.15 cm^3/1.34s이므로 초당 8.32 cm^3/s 유량이 충진되고, 설계C는 11.03 cm^3/1.13s이므로 8.82 cm^3/s이 충진된다.

따라서, 3차 러너의 사출 전단율 Sr은 다음과 같이 계산한다.
- 설계A. Sr = 4Q/π x r^3 = 4 x 8.32 / 3.14 x (0.2)^3 = 1,325 sec-1
- 설계C. Sr = 4Q/π x r^3 = 4 x 8.82 / 3.14 x (0.115)^3 = 7,385 sec-1

3차 러너에서 사출 전단응력 Ss를 계산할 수 있다.
- 설계A. Ss = μ x Sr = 100 x 1,325 = 0.1325MPa
- 설계A. Ss = μ x Sr = 100 x 7,385 = 0.7385MPa

따라서, 3차 러너의 유동저항 △P는 다음과 같이 계산된다.
- 설계A. △P$_3$ = (Ss x 2 x (L/2))/r = 0.13 x 2 x 1.2 / 0.2 = 1.56MPa
- 설계C. △P$_3$ = (Ss x 2 x (L/2))/r = 0.73 x 2 x 0.7 / 0.115 = 8.88MPa

따라서, 스프루에서 각 게이트까지의 유동 시스템의 압력 손실은 다음과 같다.
전체 압력 손실 △P = △P$_1$ + △P$_2$ + △P$_3$
- 설계A. △P = 10.1 + 8.1 + 1.56 = 19.76MPa
- 설계C. △P = 35.5 + 32.5 + 8.88 = 76.88MPa

이와 같이 러너의 직경을 구하기 위하여 설계에 반영하기 전에 미리 계산하는 것은 설계자의 매우 중요한 몫이 될 것이다. 설계자는 적어도 약 70MPa 이내의 압력 손실을 감안하여 러너 설계를 할 경우 매우 경제적인 설계라고 할 수 있다. 결국은 상기 수식을 통하여 설계자가 원하는 압력 손실을 얻어내기 위해 더 작은 지름을 위한 반복적인 계산을 통하여 러너의 크기를 최적화할 수 있다. 상기 수식 결과를 보면 설계A는 러너 크기가 너무 크게 설계되어 불필요한 재료 손실이 발생하는 요인을 제공하고 있으며, 상대적으로 설계C는 70MPa의 압력 크기를 초과하게 되어 러너의 크기를 약간 크게 할 필요가 있을 것으로 판단할 수 있다.
최상의 러너 크기를 얻기 위해 반복해서 계산하다 보면 1차 러너, 2차 러너, 3차 러너의 크기 간의 적절한 관계란 무엇일까 하는 궁금증이 생기게 될 텐데 솔직히 이것에 대한 완벽한 정답은 없다. 임의적인 선택일 뿐이다. 다만, 앞에서 제시한 1차 러너와 2차 러너, 3차 러너의 크기는 다음과 같은 수식을 이용하여 결정하기를 권한다.

- '2차 러너 지름 = 1차 러너 지름 / [2차 러너 개수]1/3'

왜냐하면 러너의 크기는 1차, 2차, 3차로 유동이 일어날 경우 각 단계별로 작아져야 충진 효율을 높일 수 있기 때문이다.

9 다수 캐비티 러너 밸런스

상기 사례에서는 독립된 캐비티가 다수일 때 '일자'형과 'H'형의 러너 밸런스를 고찰하였다. 다음은 멀티 캐비티로서 다수 게이트가 요구되는 제품 성형의 경우를 고찰하고자 한다. 여기서는 Knob Push Preset을 일체형으로 성형하는 것으로 사출제품의 형상이 조금씩 상이한 편이다. 일체형으로 되어 있어 동작 기능에는 인근 Knob Push Preset에 영향이 미치지 않도록 레이아웃 설계하였고, 대량 생산에 필요한 금형과 성형기술이 관건이 된 제품이다.

본 건에서는 러너의 형태를 '일자'형과 'H'형 중심으로 분석하고 이를 토대로 러너의 형상과 배열의 중요성을 고찰하고자 한다.

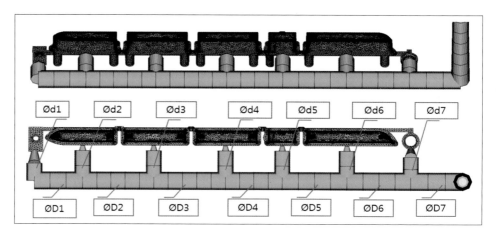

그림 3·9
'일자'형 러너
레이아웃

그림 3·9는 '일자'형 러너 레이아웃이며, 사출제품은 7개로 구성된 것으로 쇼트당 28개의 제품이 성형되도록 설계되었다. 1차 러너는 Occurrence number가 2이고, 2차 러너는 Occurrence number가 4로 세팅하였다. Occurrence number는 해석 시간을 줄이고 사출제품 28개를 해석한 결과와 동일한 결과를 얻기 위한 과정이다. 러너 임의 직경은 1차 2차 공히 6mm를 input 데이터로 하였으며, 6mm는 경험에 의한 임의의 크기이다. 해석 과정에서 해석 결과에 따라 러너 직경의 유연성 구속 여부를 가지고 경우의 해석으로 유동 패턴을 검증하였다. 그림 3·11의 (a)는 첫번째 사례로 1차 러너와 2차 러너가 고정된 사례이며, (b)는 두번째 사례로 1차 러너 Fixed 2차 러너 Unconstrained로 하였고, (c)는 세번째 사례로 1차 러너 constrained(2mm~8mm) 2차 러너 Unconstrained로 하였고, (d)는 네번째 사례로 1차 2차 러너를 Unconstrained로 하였다. 해석 기본 입력 조건은 금형 온도 60도, 수지용융

온도 240도, 사출 시간은 1.0s, 압력 V/P는 99%이다. 러너 밸런스의 목표 압력은 50MPa를 기준으로 가공 허용공차는 0.01mm, 시간 허용공차 5%, 압력 허용공차 5MPa로 주었다.

해석 결과를 바탕으로 1차 러너와 2차 러너가 사출제품에 어떤 영향을 미치고 어떤 형상으로 변화되고 유동특성을 갖게 되는지를 살펴보고자 한다.

(a)의 경우는 그야말로 임의의 러너 직경 값을 부여하고 계산한 결과이다. 러너와 스프루 중량은 28.92g이며, 사출 압력은 56.85MPa이다. 캐비티에 충진되는 속도는 스프루에서 먼 곳에 있는 캐비티가 먼저 충진되는 것을 확인할 수 있다. 이것은 이전에 소개한 유체의 성질 때문이다. 동일한 러너 직경에 일정한 압력을 주었을 때 일정한 양이 통과하기 때문이다. 유체의 성질에 대한 기본 지식은 다음 페이지에서 다루기로 한다.

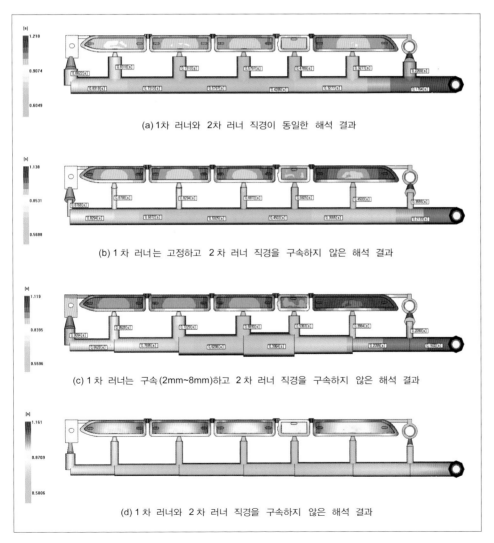

그림 3·10
'일자'형 러너 해석 결과

(a) 1차 러너와 2차 러너 직경이 동일한 해석 결과

(b) 1차 러너는 고정하고 2차 러너 직경을 구속하지 않은 해석 결과

(c) 1차 러너는 구속(2mm~8mm)하고 2차 러너 직경을 구속하지 않은 해석 결과

(d) 1차 러너와 2차 러너 직경을 구속하지 않은 해석 결과

(b)의 경우는 1차 러너는 6mm로 고정하고 2차 러너를 50MPa의 압력으로 충진하는 조건이다. 러너와 스프루 중량은 21.32g이고 (a)에 비하여 러너 중량이 약 33% 줄어들었으며, 상대적으로 2차 러너의 직경이 작아지므로 사출 압력은 약 11% 정도 증가하였다.

(c)의 경우는 1차 러너는 구속(2mm~8mm)하고 2차 러너 직경을 구속하지 않은 해석 결과이다. 러너의 직경을 살펴보면, 1차 러너의 최대 크기로 나타난 부위가 D4 부위로 8.52mm이고 최소 크기는 D1 부위로 4.43mm이다. 러너 스프루 중량은 27.44g, 압력은 69.9MPa로 (b)보다 증가하였다.

(d)는 1차 러너와 2차 러너 직경을 구속하지 않고 주어진 압력에 따라 러너의 치수를 자동으로 계산하도록 해석하였다. 러너 스프루 중량은 해석 (a)보다 약 44%를 줄일 수 있었다. 사출 압력과 속도는 먼 곳일 경우 압력이 낮아지고 속도는 빨라지는 연속방정식을 따르고 있다. 해석 (d)의 사례로 러너 레이아웃으로 설계할 경우 가장 이상적인 러너 밸런스 결과를 얻을 수 있으나 기계가공 등 현실적인 어려움이 있을 것이다.

최적의 러너 레이아웃 구현은 설계자의 경험과 지식에 근거하여 판단하는 것이 현실적인 대안이다. 혹시, 상기의 4가지 경우 중에 하나를 구상하고 있다면 설계 적용 여부를 신속하게 판단하는데 도움이 될 것이다.

지금까지 러너 밸런스에 대하여 여러 사례를 중심으로 분석하고 검증한 결과를 제시하였으나 설계자에게 속시원한 해답을 제시할 수 없어 아쉬움이 있었다. 제품마다 특성이 다르고 크기도 다르기 때문에 최상의 정답을 제시한다는 것 자체가 어떻게 보면 무모한 시도일지도 모른다. 추가로 그림 3·11과 3·12를 제시하고자 한다. 러너 밸런스를 위한 판단 기준에 도움이 될 수 있기를 바란다.

타입별 해석 결과 값[표 3·7]

구분	해석a	해석b	해석c	해석d
수지명 (GS Chemical)	ABS	ABS	ABS	ABS
사출 시간 (s)	1.21	1.14	1.19	1.16
사출 압력 (MPa)	56.85	63.46	69.90	78.51
사출제품 중량/개 (g)	9.36	9.36	9.36	9.36
러너 스프루 중량 (g)	28.92	21.32	27.44	16.26
CPU Time (s)	5,003	3,991	3,937	4,606

1차 러너의 직경[표 3·8]

구분	ØD1	ØD2	ØD3	ØD4	ØD5	ØD6	ØD7
a type	6	6	6	6	6	6	6

b type	6	6	6	6	6	6	6
c type	4.43	5.41	7.37	8.52	6.57	5.16	5.22
d type	3.85	4.29	4.62	4.87	5.12	5.21	5.26

2차 러너의 직경 [표 3·9]

구분	Ød1	Ød2	Ød3	Ød4	Ød5	Ød6	Ød7
a type	6	6	6	6	6	6	6
b type	2.02	1.99	2.11	2.31	2.58	2.34	2.45
c type	3.94	3.77	5.04	5.57	4.01	2.44	2.49
d type	3.53	2.78	2.59	2.62	2.8	2.51	2.51

그림 3·11은 다년간 금형설계 경험을 가진 전문가가 설계한 오리지널 금형 레이아웃이다. 물론 금형 제작을 완료하여 생산했던 제품이다. 계속되는 생산 제품의 트러블로 인하여 러너의 중요성을 공감하기 위하여 본 제품을 사례로 공유하고자 한다. Fine Element는 Dual Mesh와 3D Mesh 두 가지 타입으로 검증하였다. Dual Mesh는 66,584의 Elements이고, 3D Mesh는 987,399 Elements이다. 여러 형태의 러너 레이아웃을 전산모사로 분석한 진단 결과는 오리지널 금형 레이아웃은 근본적으로 수정해야 한다는 것이다. 당초 설계된 레이아웃은 미성형부가 발생하여 주된 불량 원인이 되고 있다. 소위, 1차 러너와 'A' 부위가 직접 연결되어 있다고 할지라도 용융수지는 결코 가운데부터 먼저 채워지지 않는다는 사실을 간과한 대표적인 레이아웃 설계이다. 이것은 설계자에게 제공되는 중요한 팁이 될 수 있다. 지금 당장은 금형을 재제작할 수 없는 형편이라 성형조건을 개선하여 보압 시간을 0.5초 늘리고, 전체 사이클 타임을 당초 50초에서 35초로 단축하여 생산은 중단하지 않고 진행했던 사례이다.

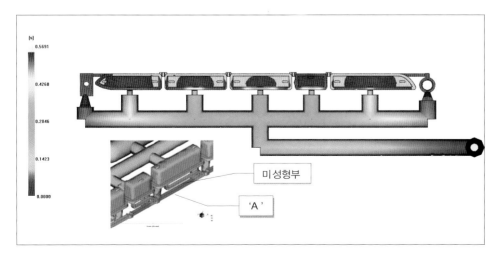

그림 3·11
오리지널 러너
레이아웃

상기 러너 레이아웃을 조정하고 변경하려면 그림 3·10과 같은 다양한 적용방법이 있다. 러너 레이아웃을 설계하기 위해서는 해석 프로그램에서 제공하는 기능을 활용하는 방법이 있다. 그림 3·12는 Knob Push Preset를 runner wizard를 이용하여 얻은 레이아웃이다. 본 runner wizard는 레이아웃 체적 설계를 위한 좋은 모듈이라고 생각된다. 아쉬운 것은 러너의 직경을 제공하지 않고 설계자가 입력하는 것이다. 그리고 1차 러너와 2차 러너로 연결되는 분기점에서 러너의 크기가 만들어 질 때 설계자 임의로 조정할 수 없는 것과 러너의 직경이 다스려지지 않는다는 아쉬움 있다.

예를 들면, 1차 러너의 분기점에서 2차 러너의 분기점의 간격 치수이다. 실질적으로 이젝터 구멍이나 냉각라인, 슬라이드 코어 같은 간섭부위가 나타나지 않는다면 러너 직경의 1.5D 정도면 좋다. 그림 3·12에서 나타난 1차와 2차의 분기점 거리가 35mm인 것은 금형의 크기와 금형의 최적화에는 장애요인으로 작용할 수 있다. 당초 스프루 위치는 원점에서 중심 위치가 −50mm까지 이동시켜야 하므로 최소한 금형의 크기는 한쪽 방향으로 100mm는 커져야 한다.

분기점 간의 간격을 가능한 줄이려고 할 때 두 가지 트러블이 생기는 것을 확인할 수 있으며, 그림 3·12의 'a'부를 유심히 살펴볼 필요가 있다. 하나는 러너의 직경이 바뀌지 않기 때문에 러너 간에 겹쳐지는 것과 또 다른 하나는 전혀 다른 모양으로 생성된다는 것이다.

본 과정을 검증하며 얻은 결론은 가능한 한 러너 밸런스는 균등하게 배치하는 것이 중요하다는 것이다. 금형설계자는 설계의 기본을 잘 지키면 아주 적합한 캐비티 레이아웃은 물론 금형설계 전문가로서 설계를 잘 할 수 있을 것으로 기대한다.

그림 3·12
Knob Push Preset를 runner wizard를 이용하여 얻은 레이아웃

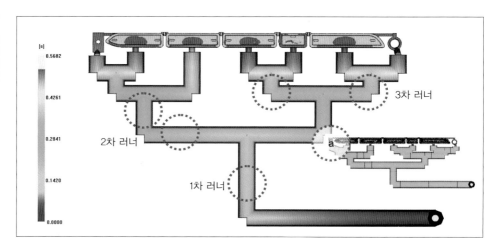

구분	Current Design	Runner wizard	Con.+ Unconstrained
Total volume	33.4470 cm^3	70.6403 cm^3	10.4666 cm^3
Volume to be filled	33.4470 cm^3	70.6403 cm^3	10.4666 cm^3

Part volume to be filled	2.3360 cm^3	2.3360 cm^3	2.3360 cm^3
Sprue/runner/gate volume	31.1110 cm^3	68.3043 cm^3	8.1306 cm^3
Total projected area	71.9736 cm^2	131.0344 cm^2	29.5958 cm^2

10 러너와 스프루

러너를 마무리하기 전에 러너와 밀접한 관계를 가지고 있는 스프루에 대하여 기본 지식을 공유하고자 한다. 우선 러너 치수를 결정하기에 앞서 검토해야 할 사항은 스프루의 크기와 사출기 실린더 노즐의 상관 관계를 확인할 필요가 있다. 대부분의 사출기 노즐은 선단부는 그림 3·13에서처럼 노즐의 선단부 치수를 기준에 비례하여 따를 수 밖에 없다. 사출기 용량에 따라 다르기 때문이다. 일반적으로 중소형 사출기에서는 보통 노즐 선단부의 직경은 Ø3.0mm을 적용하고 있다. 그렇다면 스프루 끝단(ØdA), 즉 노즐 선단부(ØdD)와 연결되는 부분 ØdA는 +1.0mm를 크게 해주어야 한다.

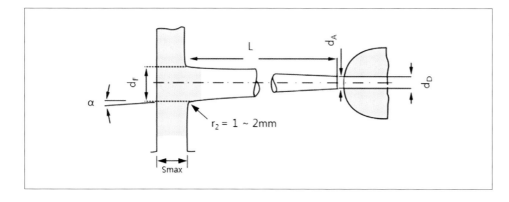

그림 3·13
스프루 치수의 가이드라인

$$dF \geq Smax + 1.5mm \qquad \alpha \geq 1° \sim 2°$$
$$dA \geq dD + 1mm \qquad tg\alpha \geq dF - dA / 2L$$

일반적으로 콜드러너에 있어 스프루 길이(L)는 스프루 끝단과 러너 위치까지 보통 50mm~200mm 범위에서 설계하고 있으며 고정측 형판의 두께에 따라 달라질 수 있다. 러너의 직경은 Ø5mm~Ø13mm를 주로 사용하고 있다. 왜냐하면 스프루의 구배가 편측 1.0° ~2.0°로 표준화되어 있어 러너와 연결되는 스프루 끝단 치수는 러너 치수를 결정하는데 상관 관계가 있기 때문이다.

예를 들면 스프루 입구 직경 Ø4.0mm, 스프루 길이 50.0mm일 경우,

스크루 끝단 직경 = ((Tan 1.0° x 50.0mm) x 2) + 4.0mm = Ø5.75mm

따라서, 러너의 최소 직경은 Ø5.75mm이다.

대형 사출제품일 경우 노즐의 직경도 커지기 때문에 러너의 크기도 증가하여 계산식에 따라 러너의 크기를 결정할 수 있다.

일반적으로 사용하는 원형 러너의 직경을 결정하는 방법은 이전 내용을 참고하기 바란다.

러너 시스템 설계기술을 마무리하며

지금까지 러너는 캐비티 내에 용융수지를 채우는 수단으로만 생각하여 왔다. 이런 생각에서 러너의 크기는 캐비티를 충진하기에 충분하면 되고 그리 중요한 것이 아니라고 여겨져 왔다. 유동이론에서는 캐비티 내에 유동모델을 제어하기 위해 게이트의 위치와 러너의 크기가 복합적으로 관계되기 때문에 최적의 사출제품을 얻기 위해서는 러너가 매우 중요하다.

마지막으로 러너에 있어서 마찰열에 대한 개념은 아주 중요하다. 용융수지의 흐름을 제어하는 유동 제어와 마찰열을 제어하기 위하여 러너를 사용할 수가 있다. 잔류응력의 크기는 용융수지의 온도 상승에 비례하여 낮아진다. 단지 실린더의 온도만 상승시키면 응력의 크기는 낮아지지만 수지가 성형사이클 진행 중에 수초에서 수분 동안 실린더 내의 높은 온도 하에서 열을 받게 되므로 심한 분해현상을 일으킨다. 이와 반대로 낮은 실린더 온도로 사출하면 러너 내의 마찰열에만 의존하므로 응력을 낮추는 동일한 효과를 얻기도 한다. 동시에 수지는 러너에 유입할 때부터 적어도 고화가 일어나기 전까지 몇 초 동안 높은 용융 온도하에 있게 된다. 결과적으로 말해 종래의 생각으로는 직경이 큰 러너를 선호하면 성형도 잘되고 응력이 적어 변형도 덜 일어난다고 생각하고 있으나, 직경이 작은 러너로 성형한 제품도 응력이 적고 변형이 덜 일어나는 경향이 있다는 사실을 주지할 필요가 있다. 직경이 작은 러너의 또 다른 중요한 이점은 냉각되는 동안 캐비티 내에 유입되는 수지가 과도하게 흐르지 않도록 보호하는 것이다. 러너의 직경이 큰 경우 캐비티가 고화되고 얼마 후 러너가 고화되면 분명히 러너 내에서 고화가 진행되는 동안에 유동이 있게 된다. 이때 보압이 너무 크면 캐비티 내로 유동되고 보압이 너무 낮으면 캐비티 밖으로 유동되어 러너로 역류하게 될 것이다. 어떤 경우라도 이럴 때는 응력을 받는 제품이 생산되게 된다. 이상적인 성형이란 캐비티에 정상적으로 용융수지가 충진되고 싱크 마크를 피하기 위해 최소한의 시간 동안 충진 및 보압을 유지한 다음 러너가 고화되어 캐비티 안팎으로의 유동을 방지하는 성형조건과 밸런스가 이루어지는 것이라고 할 수 있다.

종전에는 설계자가 수지의 유동을 예측할 수 없는 관계로 러너는 설계자가 의도하는 압력 강하로 설계하기란 쉬운 일이 아니다. 러너는 필요 이상의 크기로 설계해서도 안되지만 필요 이상으로 작게 설계해서도 안된다. 그래서 지금까지 러너에 대한 지식을 공유한 것은 가장 적합한 러너를 설계할 수 있도록 돕는 것이다. 이미 검증을 통하여 인지한 바와 같이 일반적으로 러너의 압력저항이 높으면 유동 제어는 양호해질 것이다. 러너에서의 마찰열은 캐비티 내의 잔류응력의 크기를 작게 하여 양호한 제품이 얻어지게 한다. 사출기에서 사용할 수 있는 압력은 최대 충진 압력에 대한 한계를 설정한다. 일반적으로 안전율을 적용하기 때문에 압력 강하는 캐비티와 러너에서 사출기의 사출 압력은 중요하다. 일반적으로 최대 사출 압력의 80% 정도를 권한다.

변형에 영향을 주는 응력의 크기는 높은 러너 압력과 높은 수지 온도를 사용하여 최소화시켜야 한다. 그러나 러너를 너무 작게 만들면 보압을 가했을 때 이미 고화되어 유동이 일어나지 않는다. 그러므로 러너를 보압이 끝나자마자 고화되는 시점을 찾는 것은 효율적인 생산 활동에 크게 영향을 끼친다. 한편으로 러너를 더 크게 만드는 것은 러너 내로 용융수지가 역류할수 있는 기회가 될 수 있으므로 싱크 마크를 억제하는데 장애가 될 수 있다. 싱크 마크와 응력과는 항상 상반되는 관계가 있으므로 러너의 설계는 항상 싱크 마크를 고려해야 한다.

유동의 균형을 이루기 위해 러너 시스템을 이용할 경우 러너와 캐비티의 충진 압력 합은 각 러너의 유동 시스템에서 동일하여야 한다. 이런 지식적 배경은 지금까지 다루었던 러너 밸런스를 기억하고 설계에 반영하면 좋은 결과를 얻게 될 것이다. 캐비티를 고려하지 않고 러너만의 균형을 이루는 것은 불충분하다. 러너 시스템을 변경시키면 유동 속도와 마찰열이 변화되기 때문에 캐비티 내의 압력 강하가 달라진다. 러너는 주어진 압력 강하에 대한 가능한 한 최소의 체적을 유지하기 위해 일정한 압력구배 원칙을 사용하여 설계한다.

이번에는 패밀리 금형에 대한 러너 레이아웃 설계를 다루지 않았지만, 다수 캐비티의 '일자'형 러너 밸런스를 염두에 두고 패밀리 금형 설계에 임하면 도움이 될 것으로 보인다. 패밀리 금형은 오래 전부터 금형설계자나 성형작업자에게 문제가 되어 왔다. 종래에는 패밀리 구조의 사출제품은 작은 캐비티이든 큰 캐비티이든 간에 동일한 러너 시스템으로 설계하였다. 사출성형을 하면 작은 사출제품은 먼저 충진되고 큰 캐비티는 미성형이 되는 그런 구조였다. 그러다 보니 작은 캐비티는 과잉 충진이 되어 필연적 변형의 원인이 되기도 하였다. 러너 시스템은 균형 유동을 얻기 위하여, 다시 말하면 패밀리 금형은 서로 다른 크기의 사출제품 간에 과잉 충진이 되지 않게 하기 위하여 동일 시간 및 동일 압력으로 유동되도록 설계해야 한다. 따라서 러너 시스템을 통하여 용융수지의 유동 문제가 해결되면 과잉 충진을 피하면서 변형을 최소화하고 안정된 사출제품 생산과 수지 손실을 최소화할 수 있다. 패밀리 금형은 전산모사 해석을 통하여 쉽게 해결할 수 있다. 한편으로 금형설계자는 제품이 확실히 충진되게 하기 위해 큰 러너와 다수의 게이트를 사용하려고 한다. 대부분의 금형에서는 충분한 수의 게이트와 큰 러너를 사용하여 원활히 충진할 수 있지만, 이럴 때 충진 모델이 때로는 아주 복잡해진다. 이러한 경우에 작은 사출제품이 먼저 충진되어 성형이 완료되었으나, 큰 쪽 캐비티를 충진하기 위해 더 많은 시간 동안 사출 압력을 유지하게 된다. 작은 캐비티 내의 수지는 유동이 계속될 수 없으므로 압력이 높아지고 제품에 플래시가 발생된다. 결국은 작은 사출제품에는 플래시가 발생하고, 큰 사출제품은 아직 성형이 덜된 상태가 되므로서 성형의 균형이 깨져 안정된 사출제품을 얻기 어렵다.

소형 제품은 사출제품이 작고 길이가 짧아 상세한 유동해석을 할 필요는 없으나 러너 설계는 아주 중요하다. 소형 제품이라 해서 무심코 필요 이상으로 러너 치수를 크게 하는 경우가 있다. 러너의 체적과 캐비티의 체적비가 아주 중요하다. 이 비가 너무 크면 제품에 비해 스크랩의 양이 많아지고 결과적으로 재생재료로 혼합하여 사용될 소지가 있어 사출제품 안정화에 또 다른 문제를 일으키는 요인이 되기도 한다. 혹시라도 분쇄 재생재료를 사용하면 매 성형마다 수지특성이 10% 만큼 저하되므로 분쇄량은 가급적 최소로 유지하여야 한다. 러너는 재활용하거나 폐기 처리되는 특성을 가지고 있기 때문에 가능한 한 최소화하여야 하고, 금형설계자는 이를 극복하기 위한 충분한 지식을 가지고 있어야 한다.

02 게이트 시스템

1 게이트의 기능

게이트는 러너와 캐비티를 연결하는 중간 매체이다. 그림 3·14에서와 같이 게이트는 캐비티에 용융수지를 충진하도록 안내하는 기능과 충진 완료 후 캐비티 내의 수지가 역류하는 것을 방지하는 기능을 가지고 있다. 게이트는 게이트의 위치, 게이트의 수, 형상 치수는 사출제품의 외관이나 성형 효율 및 치수 정밀도에 큰 영향을 준다. 따라서 게이트는 용융수지가 캐비티 안에서 흐르는 방향, 웰드 라인(Weld Line)의 생성, 성형 후 게이트의 제거 등을 고려하여 결정하여야 하며 설계자가 어떤 결정을 하느냐에 따라 사출제품의 품질에 결정적인 영향을 끼치므로 각별한 검토와 지식이 필요한 부분이기도 한다.

그림 3·14
게이트의 기능과 역할

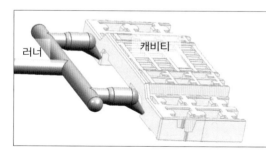

러너   캐비티

· 러너와 캐비티 연결
· 과도한 전단 발열 방지
· 압력 강화 최소화
· 보압 시간 조절
· 게이트 자동 절단 혹은 절단 용이
· 절단 후 외관 품질 영향 최소화

전체적인 금형의 성형 시스템(구조)에 있어서 대체로 가장 얇은 부분이다. 크기와 위치는 여러 가지 필요 사항들을 고려하여 정해지며 게이트에 영향을 미치는 항목들은 그림 3·15와 같다. 게이트의 위치, 모양 그리고 크기를 결정하는 요인으로 금형설계 시 고려해야 할 사항들이다.

이 글에서는 게이트의 일반적인 지식과 전산모사 사례를 소개하고 실험계획법을 적용하여 최적 설계의 묘미를 소개하고자 한다. 다음은 게이트의 기능과 역할이다.

① 충진되는 용융수지의 흐름 방향과 유량을 간섭하고 사출제품을 이젝팅시키기에 충분한 상태로 고화될 때까지 캐비티 안의 수지를 막아 러너로의 역류를 방지한다.

② 스프루, 러너를 통과한 냉각된 수지는 좁은 게이트를 통과하는 동안 유동 속도가 빨라져 마찰력이 발생되며, 이 열에 의해 수지 온도가 상승되어 플로마크나 웰드 라인 생성을 예방하기도 한다.

③ 다수 캐비티나 다점 게이트의 경우 단면적의 크기를 변화시켜 캐비티로의 충진 밸런스를 맞출 수 있다.

④ 러너가 사출제품에서 용이하게 절단되도록 한다.

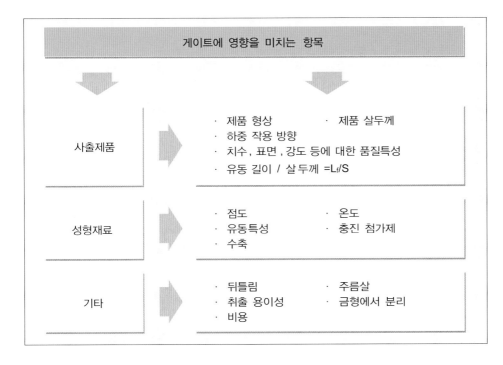

그림 3·15
게이트의 위치, 모양,
크기를 결정하는 요인

2 게이트의 위치

① 게이트는 사출제품의 가장 두꺼운 부분에 설치하는 것이 이상적이다.

② 사출제품의 외관상 눈에 띄지 않는 곳, 게이트의 끝손질이 용이한 부분에 설치한다.

③ 웰드 라인이 생기지 않는 곳에 설치한다.

④ 높은 사출 압력에 견딜 수 있는 위치에 설치하여야 하며, 가는 코어나 리브 핀이 설치된 인접 위치는 가능한 한 피한다.

⑤ 가스가 고이기 쉬운 반대편에 설치하고 게이트 반대편에는 에어 벤트를 설치한다.

⑥ 휨 하중이나 충격 하중이 크게 작용하는 부분에는 게이트를 설치하지 않는다. 게이트 부근은 보압에 의해 잔류변형이나 응력이 발생되므로 휨이나 충격에 매우 약하다.

⑦ 사출제품의 기능, 외관 품질을 손상시키지 않은 곳에 설치한다.

⑧ 인서트 등 기타의 장애물을 피할 수 있는 곳을 선택한다.

3 게이트의 크기와 개수

① 충진 시간은 게이트가 클수록 유리하고, 게이트 부분의 수지 응고 시간은 게이트가 작을수록 유리하다. 게이트의 크기를 크게 하면 고속 성형이 가능해지고 물성, 외관 치수, 성형사이클 등에서 고품질 사출제품이 얻어지나 게이트가 응고할 때까지 보압을 걸어 두어야 하므로 사이클 타임이 길어진다.

② 잔류응력에 의한 변형, 휨에 관해서는 게이트가 작은 쪽이 유리하다. 단, 게이트가 작으면 사출 압력저항이 커지고 무리하게 사출 압력을 높이면 게이트부에 마찰열이 발생하여 제팅(Jetting) 현상이 발생할 수 있다.

③ 게이트 개수는 유동 길이와 살두께와의 비(L/t)에 따라 일점게이트로 할것인가, 다점게이트로 할 것인가를 결정한다. 사출성형에서 변형, 뒤틀림, 불균일한 살두께, 기하학적으로 대칭성이 부족한 것 등의 관점에 볼 때 일점게이트보다는 다점게이트를 채택하는 것이 영향을 적게 할 수 있다. 다점게이트일 경우에는 에어트랩과 웰드 라인의 원인을 제공할 수 있어 면밀한 검토가 선행되어야 한다.

그림 3·16
게이트 실
(Gate Seal)

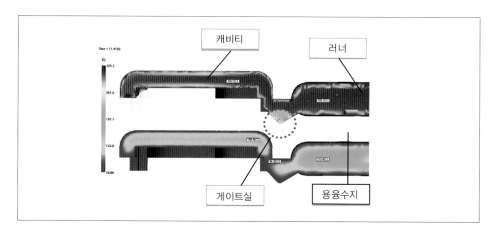

④ 게이트의 제거 및 끝손질 작업을 고려하면 게이트는 작은 쪽이 유리하고 대부분 게이트 개수도 적을수록 좋다. 단, 게이트 크기와 개수를 결정하기 위해서는 전산모사를 통하여 유동특성을 분석하여 결정할 것을 권장하며 더 나아가 실험계획법을 통하여 최적 게이트 크기를 정하는 것이 가장 좋은 방법이다.

이와 같이 게이트의 위치 및 크기는 매우 중요한 의미를 가지고 있으며, 또한 관련 요소가 많으므로 충분히 검토하여 결정하여야 한다.

4 게이트의 실

일반적으로 사출기 노즐을 지나는 용융수지는 게이트를 통과할 때 매우 빠른 속도로 유동하기 때문에 용융온도를 잘 유지하고 있으나 캐비티 내에 수지가 충전되어 유동이 멈추면 금형 표면에 열을 빼앗기며 서서히 냉각되기 시작하여 어느덧 중심부까지 고화된다. 이때 게이트는 캐비티보다 두께가 얇기 때문에 캐비티부의 중심부가 응고되기 전에 게이트가 먼저 응고가 일어난다. 그림 3·16은 이 현상을 도식적으로 표현한 것으로 게이트 실(Gate Seal)이라고 한다.

이것은 게이트의 중요한 역할로서 게이트부가 먼저 응고되면 성형기의 플런저 또는 스크루가 가하고 있는 성형 압력은 게이트부에서 차단되어 캐비티에 영향을 미치지 않는다. 이로 인하여 아직 굳지 않은 부분은 성형 압력에서 벗어나 수축할 수 있으므로 응력이 없는 상태에서 굳어지기 때문에 균열, 스트레인, 휨 등의 결점을 방지할 수 있다. 한편으로 충분한 압력으로 충진되지 못한 사출제품은 성형 압력으로부터 영향을 받지 않은 관계로 원치 않은 수축이 발생하여 뒤틀림이나 싱크 마크가 발생하는 원인이 되기도 한다. 고품질 사출제품을 생산하기 위해서는 게이트의 형상과 치수 결정은 매우 중요한 것이다.

5 게이트의 종류

게이트는 일반적으로 그림 3·17과 같이 비표준 게이트와 표준 게이트, 핫러너 게이트 등 3종류로 분류한다. 표준 게이트는 비표준 게이트에 비하여 용융수지의 응고가 급속히 일어나도록 크기를 제한하는 것을 말하며 제한 게이트라고도 한다. 반면에 비표준 게이트는 게이트를 급속히 고화되지 않아도 되는 게이트를 말하며 직접 게이트가 여기에 속한다.

NO	구분		형상	해당	규격
1	비표준 게이트	사이드 타입	직접 게이트		
2	표준 게이트	사이드 타입	사이드 게이트		
			오버랩 게이트		
			디스크 게이트		
			탭 게이트		
			링 게이트		
			엣지 게이트		
			필름 게이트		
			서브마린 게이트		
			다단 게이트		
		핀포인트 타입	핀포인트 게이트		
3	핫러너 게이트	핫러너 타입	오픈 게이트		
			밸브 게이트		
			세미밸브 게이트		

그림 3·17 게이트 분류

그림 3·18은 게이트 종류에 따라 형상과 선정기준을 요약하였으며, 현장에서 주로 사용되고 있는 게이트에 따라 사이드 타입, 핀포인트 타입, 핫러너 타입의 게이트 적용과 설계기준을 제시하였다. 아울러, 엣지 게이트 형상에 따라 유동특성이 어떻게 변화되는지를 전산모사를 통하여 구현하고 나아가 최적화 과정과 결과를 공유하고자 한다.

게이트 종류	형상	선정 기준
사이드 게이트 (Side Gate)	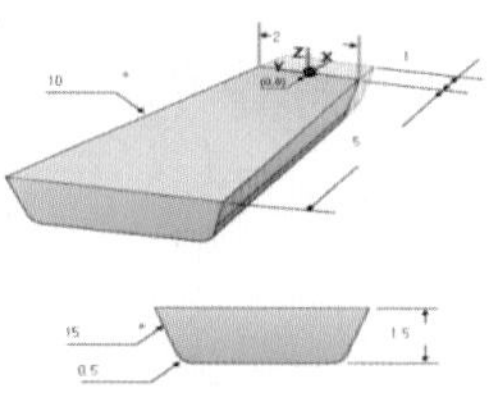	A.단면 형상이 단순하고, 가공이 용이하다. B.게이트의 치수 변경이 용이하다. C.게이트에 의해 충진량이 제한되고, 게이트가 고화되면서 사출 압력의 손실을 방지한다. D.일반적으로 거의 모든 수지에 사용할 수 있다.
오버랩 게이트 (Overlap Gate)	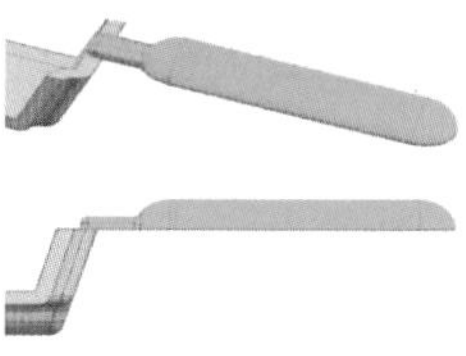	A.사출제품에 플로마크가 발생하는 것을 방지하기 위하여 사용한다. B.사출제품의 평면부 위에 설치되어 게이트의 제거 손질 작업이 어렵다.

그림 3·18 게이트의 종류 및 형상

디스크 게이트 (Disk Gate)		A.사출제품의 원형 구멍에 게이트를 설치하는 것으로 제품 중앙에 구멍이 있는 경우에 설치하면 웰드 라인 발생을 방지할 수 있다.
탭 게이트 (Tab Gate)		A.게이트로 들어온 수지는 탭의 벽면에 충돌하면서 유동 방향이 고르게 되어 충진된다. B.게이트 부근의 잔류응력이 감소되어 사출압에 의한 변형을 방지할 수 있다. C.탭은 제품의 두꺼운 부분에 설치한다. D.PVC, 아크릴 등 주로 흐름이 나쁜 수지에 적용한다.
링 게이트 (Ring Gate)		A.원형 사출제품의 내측에 사출제품과 동심 형상으로 러너를 설치해서 게이트를 사출제품 전체 둘레에 걸쳐 설치하는 것이다. B.긴 원통형의 사출제품의 경우에 균일하게 수지가 주입되므로 웰드 라인 방지나 사출 압력에 의한 동심축의 변형 방지 및 균일 두께의 제품을 얻을 수 있다.
필름 게이트 (Film Gate)		A.사출제품에 평행으로 러너를 설치하고, 사출제품과의 사이에 게이트를 설치한다. B.폭 전체에 게이트를 설치하는 경우가 많으나 손질을 고려해야한다. C.아크릴 등의 평판형 사출제품이나, 응력 변형을 최소화시키는데 효과적이다.
팬 게이트 (Fan Gate)		A.넓이가 넓은 평면으로 두께가 얇은 단면 부분을 매끄럽게 또한 균질로 충진하기에 적합한 게이트이다. B.게이트 부근의 결함을 최소화하는데 가장 효과가 있는 게이트이다.
서브마린 게이트 (Submarin Gate)		A.터널 게이트(Tunnel Gate)라고도 한다. B.러너는 파팅면에 만들고, 게이트부는 코어 속으로 설치한다. C.취출 시 게이트가 자동으로 절단된다.
핀포인트 게이트 (Pin Point Gate)		A.게이트 위치결정 시 비교적 제한이 없다. B.게이트 부근 잔류응력이 적다. C.투영 면적이 크거나 변형이 큰 제품의 경우, 다점게이트로 수축, 변형을 적게 할 수 있다. D.게이트가 자동 절단되어 후가공이 용이하다. E.압력 손실은 크다.

다이렉트 게이트 (Direct Gate)		A.스프루 게이트라고도 한다. 압력 손실이 적고 수지가 절약되며, 금형 구조가 간단하다. B.끝손질이 필요하다. C.깊이가 깊은 일반 대형 사출제품에 주로 적용한다.
오픈 게이트 (Open Gate)		A.핫러너 중 가장 간단하다. B.게이트 랜드 길이에 무관하며, 게이트 수에 제약을 받지 않으나 게이트 자국이 남는다. C.다른 시스템보다 고도의 컨트롤을 필요로 하며, 가격이 고가이다.
밸브 게이트 (Valve Gate)		A.밸브 작동의 공유압이 필요하다. B.밸브 핀의 작동이 예민해 문제가 있을 수 있고, 다른 시스템보다 고도의 관리를 필요로 한다. C.가격이 고가이다. D.게이트 자국이 거의 남지 않고, 게이트 위치와 수를 제약받지 않고 조절할 수 있다.

1. 직접 게이트

일명 스프루 게이트(Sprue Gate)라고도 하며 널리 이용된다. 직접 게이트의 장· 단점은 다음과 같다.

① 압력손실이 적다.

② 수지가 절약된다.

③ 금형 구조가 간단하고 고장이 적다.

④ 성형 사이클 타임이 길어지기 쉽다.

⑤ 게이트의 끝손질이 필요하다.

⑥ 게이트 부위에 잔류응력에 의한 크랙이 발생하기 쉽다.

⑦ 게이트의 반대편에 온도가 저하된 수지가 캐비티 내로 흘러들어가는 것을 막기 위하여 사출제품 살두께의 1/2이 되는 두께로 콜드 슬러그 웰을 설치할 필요가 있다.

⑧ 스프루 입구 지름은 노즐 구멍에 좌우되며 노즐 구멍 지름의 0.5mm~1.0mm 정도 크게 하고, 테이퍼 각도는 2~4도 정도로 한다.

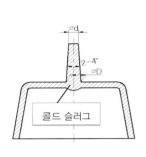

그림 3·19
일반적으로 사용하는
직접 게이트의 치수

제품 중량	3 OZ(85g) 이하		5 OZ(142g) 이하		대형	
스프루 지름	d	D	d	D	d	D
PS	2.5	4	3	6	4	8
PE	2.5	4	3	6	4	8
ABS	2.5	5	4	7	5	8
PC	3	5	4	8	5	10

(콜드 슬러그)

직접 게이트는 위의 그림에 표시한 것처럼 원추 형상의 게이트로서 가장 일반적인 것이다.

다수 캐비티의 경우에는 스프루 게이트라고도 하며, 1개 캐비티의 경우 성형기의 노즐에서 스프루에 들어간 수지를 직접 캐비티에 충진시킨다. 깊이가 깊은 대형 사출제품에 널리 이용되고 있으나 PE, PP 등과 같이 유동 방향과 직각 방향과의 수축률 차이가 큰 수지에서는 얇고 넓은 사출제품을 직접 게이트로 성형할 경우에는 굽힘, 또는 휨이 발생하는 수가 있다. 그림 3·20은 직접 게이트의 제품 형상이다.

그림 3·20
직접 게이트 제품

2. 표준(제한) 게이트

게이트에서의 충진량을 조정하고 게이트 부분에서 급속한 고화를 얻을 수 있도록 단면적을 제한한 것이다. 특징으로 아래와 같은 것들이 있다.

① 게이트 부근의 잔류응력이 감소된다.
② 사출제품의 변형이 감소되기 때문에 굽힘, 크랙 등이 감소된다.
③ 수지가 게이트를 통과할 때 재가열되기 때문에 점도가 저하되어 유동성이 개선된다.
④ 게이트의 고화 시간이 짧으므로 성형 사이클을 단축시킬 수가 있다.
⑤ 다수 캐비티, 다점게이트일 때 게이트 밸런스를 얻기가 용이하다.
⑥ 게이트의 제거 및 끝손질이 쉽다.
⑦ 게이트 통과 시의 압력 손실이 크다.

3. 사이드 게이트 (Side Gate)

소형에서 중형까지의 다수 캐비티 사출제품에 많이 사용되고 있으며, 이것은 게이트에 의해서 충진량이 제한되고 게이트부에서 급속히 고화시켜서 사출 압력의 손실을 방지하는 방식이다. 그림 3·21은 사이드 게이트의 실제 제품이다.

그림 3·21
사이드 게이트 제품

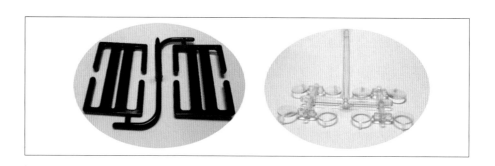

사이드 게이트의 이점은

① 단면 형상은 단순하므로 가공이 용이하다.

② 게이트의 치수를 신속하고 정밀하게 수정할 수 있다.

③ 캐비티의 충진 속도를 게이트 고화 시간에 거의 영향을 받지 않고 조절할 수 있다.

④ 보통의 성형 재료는 대부분 이 형식의 게이트로 성형할 수 있다.

직사각형 형상의 게이트의 크기는 폭(W), 깊이(h), 랜드길이(L)에 의해 정해지며 게이트에서의 압력 강하는 거의 랜드 길이에 비례한다. 깊이는 게이트의 고화 시간에 영향을 주는 것으로 그림 3·22와 같은 경험식을 적용한다.

만일 W의 값이 러너의 지름보다 클 때에는 팬 게이트(Fan Gate)를 이용한다.

그림 3·22
사이드 게이트

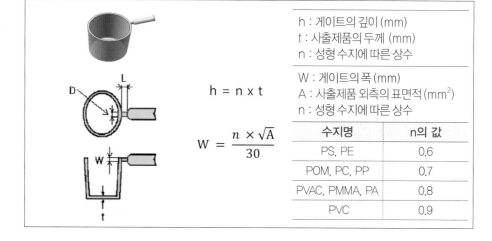

h : 게이트의 깊이 (mm)
t : 사출제품의 두께 (mm)
n : 성형 수지에 따른 상수

$$h = n \times t$$

W : 게이트의 폭 (mm)
A : 사출제품 외측의 표면적 (mm²)
n : 성형 수지에 따른 상수

$$W = \frac{n \times \sqrt{A}}{30}$$

수지명	n의 값
PS, PE	0.6
POM, PC, PP	0.7
PVAC, PMMA, PA	0.8
PVC	0.9

4. 오버랩 게이트 (Overlap Gate)

사출제품에 플로마크(Flow Mark)가 발생하는 것을 방지하기 위해 표준 게이트 대신에 사용되는 것으로서 사출제품의 에지(Edge)부가 아니고 평면부에 평행하게 설치한 게이트이다. 게이트의 제거 및 끝손질 작업이 곤란하다.

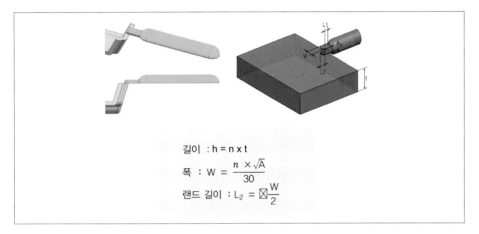

그림 3·23
오버랩 게이트

길이 : $h = n \times t$

폭 : $W = \dfrac{n \times \sqrt{A}}{30}$

랜드 길이 : $L_2 = \boxtimes \dfrac{W}{2}$

5. 디스크 게이트 (Disk Gate)

그림 3·24에 표시한 것처럼 디스크 모양의 러너를 거쳐 디스크 게이트는 설치된다. 사출제품의 원형 구멍에 게이트를 배치한 것으로, 어느 정도 사출제품의 형상에 의해 제한을 받게 된다. 중앙부에 구멍이 있는 경우 대부분 웰드 라인이 발생하지만 디스크 게이트를 사용하므로서 웰드 라인의 발생을 방지할 수 있다.

게이트의 치수는 일반적으로 게이트 깊이는 0.2~1.5mm, 랜드의 길이 L은 0.7~1.2mm 정도로 한다. 이들 게이트 및 서브 러너부는 성형 후 원형 펀치로 전단하거나, 대형인 경우 드릴 가공으로 제거한다.

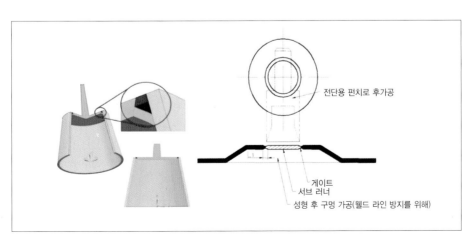

전단용 펀치로 후가공

게이트
서브 러너
성형 후 구멍 가공(웰드 라인 방지를 위해)

그림 3·24
디스크 게이트

6. 탭 게이트 (Tab Gate)

아래 그림에 표시한 것처럼 탭의 바로 앞의 게이트에서 재가열된 상태의 수지는 탭의 벽에 충돌하여 유동 방향이 고르게 되면서 캐비티 안으로 유입된다. 게이트 부근에 잔류응력이 감소되기 때문에 사출 압력에 의한 변형을 피할 수 있다. 주로 유동성이 나쁜 수지, 예를 들면 PVC, 아크릴 등에 적용된다.

탭 게이트는 러너에 대해서 직각으로 붙이는 것이 보통이고 탭은 플로마크나 웰드 라인을 피하기 위해 두꺼운 부분에 설치한다.

탭의 치수는 그림 3·25의 표시된 변수에 따라 다음의 경험식을 이용하여 결정하며, 일반적으로 탭의 폭은 6mm 이상이고 캐비티 두께의 약 75%를 적용한다.

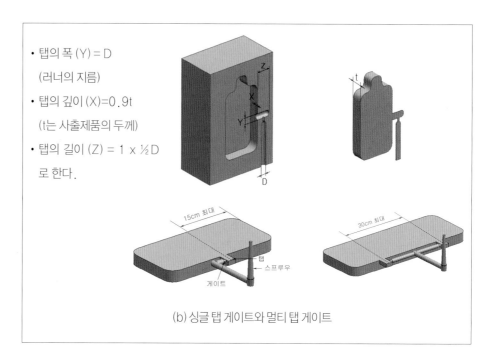

그림 3·25
탭 게이트

- 탭의 폭 (Y) = D
  (러너의 지름)
- 탭의 깊이 (X) = 0.9t
  (t는 사출제품의 두께)
- 탭의 길이 (Z) = 1 × ½D
  로 한다.

(b) 싱글 탭 게이트와 멀티 탭 게이트

7. 링 게이트 (Ring Gate)

디스크 게이트가 사출제품의 내측에 설치되는 것과는 반대로, 링 게이트는 원형 사출제품의 외측에 사출제품과 동심 형상으로 러너를 설치해서 게이트를 사출제품 전체 둘레에 걸쳐 설치하는 것이다.

소형물에 대한 다수 캐비티 금형으로 만년필 뚜껑 등의 원통형 사출제품을 성형하기 위해 사용되고, 특히 긴 원통형의 사출제품인 경우에는 링 위의 게이트에서 균일하게 캐비티 안으로 수지가 주입되므로, 웰드 라인의 방지나 사출 압력에 의한 금형 코어핀의 경사(편심) 등도 방지되어 두께가 균일한 사출제품이 얻어지는 장점이 있다.

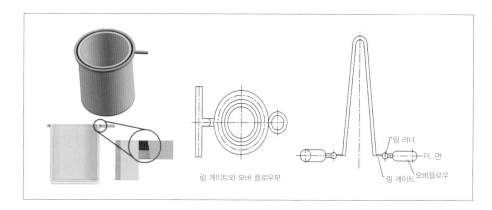

그림 3·26
링 게이트

링 러너
PL 면
링 게이트와 오버 플로우부
링 게이트   오버플로우

8. 엣지 게이트

제품의 형상과 용도에 따라 다양한 게이트 형상과 적용방법을 확인하였다. 이번에는 디스플레이용으로 많이 사용되고 있는 도광판과 같은 초슬림 투명 사출제품을 예를 들어 엣지 게이트의 형상과 성형조건에 따라 어떤 변화가 일어나는지 전산모사를 통하여 그 정보를 공유하고 최적화 과정을 통하여 성형기술의 지식을 함께 나누고자 한다. 이번 최적화 과정에는 몰드플로우 유동해석 프로그램과 미니탭의 실험계획법의 2k factorial method와 RSM, Taguchi method를 사용하였다.

엣지 게이트의 형상은 대표적으로 2가지 형상을 가지고 있다. 하나는 게이트 단면이 일직선으로 되어 있는 형상이고, 다른 하나는 게이트 단면이 오목하게 곡면을 가지고 있는 형상이다. 이번 전산모사에서는 게이트 형상에 따라 각각 3개의 샘플로 총 6개의 엣지 게이트의 유동 패턴과 특성을 고찰하고자 한다.

그림 3·27은 게이트 단면이 일직선으로 되어 있는 엣지 게이트 형상으로 두께 0.5mm를 기준으로 게이트 폭이 각각 70mm, 30mm, 15mm이고, 도광판 사출제품의 길이는 100mm, 러너부는 30mm로 구분하여 3D 모델을 설계하였다. 70mm 폭은 스프루에서부터 완만한 기울기로 게이트 형상을 유지하도록 설계하였으며, 기울기가 끝나는 가장자리에서 게이트까지는 5mm의 균일 유동이 일어나도록 하였다. 폭 30mm와 15mm의 러너 구간은 6mm와 두께 5mm를 기준으로 하였으며, 러너 밑변 부분은 완만한 곡선으로 연결 하였다. 특히 여기서는 폭 70mm 모델을 샘플로 하여 유동해석과 성형조건을 찾아내는 최적화 과정을 과학적 접근 방법으로 솔루션을 제공한다.

그림 3·27
엣지 게이트 단면이
일정한 두께를 가진
형상

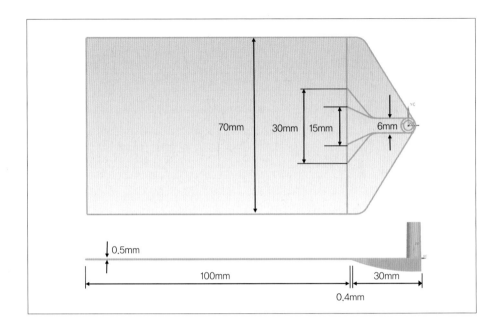

그림 3·28은 게이트 단면이 곡선을 가지고 있는 엣지 게이트 형상이다. 성형 제품의 두께는 1.2mm, 폭 70mm, 길이 100mm 를 기준으로 하였으며, 러너는 30mm, 게이트 랜드부는 도식적 표현을 감안하여 1mm로 설정하였다. 게이트 폭을 70mm로 일정하게 하고, 다만 게이트 끝단부 중심부 두께는 0.4mm, 0.6mm, 0.8mm로 변화(표 3·10)를 주어 유동특성을 살펴보게 될 것이다.

그림 3·28
엣지 게이트 단면의
두께가 다른 형상

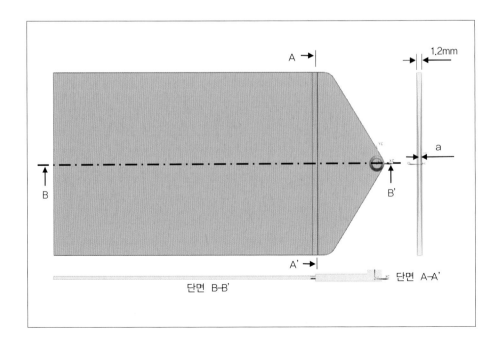

'a' 형상부의 게이트 두께 [표 3·10]

구분	해석a		
a	0.4	0.6	0.8

엣지 게이트는 일반적으로 두께가 얇고 표면적이 큰 플라스틱 제품을 성형하는데 사용한다. 특히 유동 방향에 따른 두께 방향 수축에 영향을 주는 수지특성이 있기 때문이다. 이런 경우의 사출제품은 스프루를 이용한 직접 게이트나 사이드 게이트는 결과적으로 유동 패턴을 매우 불량하게 만들어내어 성형 완성도를 충족할 수 없게 된다. 다수 게이트일 경우에는 가느다란 실선들이 제품에 나타나기 때문에 제품의 특성상 다수 게이트를 적용할 수 없는 특성을 가지고 있다.

스프루와 러너를 통과하는 수지는 캐비티와 연결된 얇은 단면을 가진 게이트를 통과하게 된다. 실제적으로 얇은 단면 형상의 게이트에서는 게이트 형상에 따라 수지 충진을 조절하는 기능을 한다. 이런 게이트 랜드부를 통과한 용융수지는 캐비티 안으로 급속도로 충진이 이루어지는 것이다.

엣지 게이트 형상은 팬 게이트라고도 하며 물고기 지느러미 모양이라고도 한다. 그림 3·28은 엣지 게이트로서 게이트 중심부가 좌우 가장자리보다 얇다. 결과적으로 엣지 게이트는 다른 게이트에 비해 더 많은 가공 시간이 필요하며, 그만큼 수지 손실도 많은 게이트 시스템이다. 그러나 유동특성으로 보면 가장 안정적인 특성을 가지고 있어 도광판 같은 특수한 품질특성이 요구되는 제품에는 반드시 적용하기를 추천한다. 다만, 특성치가 무엇인가에 따라 성형조건 최적화 과정은 필수적이라고 할 수 있다.

유동해석은 플라스틱 수지의 금형 내 온도, 속도, 압력을 계산하여, 수지의 충진 패턴, 사출 압력, 유동 선단 온도, 고화 시간, 웰드 라인, 형체력, 수축률 등의 정보를 제공하고 있다. 아울러, 용융수지의 유동과 열에 의하여 유도된 잔류응력을 계산하여 변형해석의 입력 값으로 제공한다. 이번 전산모사 해석 절차는 그림 3·29와 같으면 그림 3·30은 최적화 절차이며, 이를 기준으로 결과를 얻게 될 것이다.

그림 3·29
해석 절차

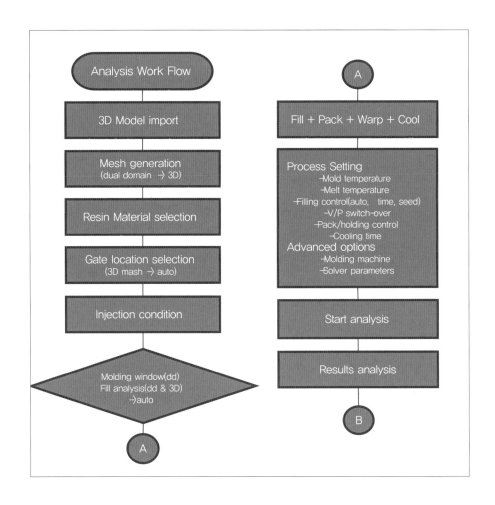

상기 절차에 따라 프로젝트 이름을 결정하고 몰드플로우 preprocess에서 3D 데이터를 불러온다. 3D 데이터는 *.part, *.igs, *.stp, *.x_t 등의 확장자를 가진 모델을 불러올 수 있다. 물론 불러올 때 스프루 러너 사출제품을 일체형으로 불러올 수도 있고 스프루, 러너, 게이트, 사출제품을 각각 특성을 가지고 불러올 수도 있다. 일체형일 경우 한 개 모델을 인식하기 때문에 메쉬를 생성하고 오류를 제거하는데 시간적 장점을 얻을 수 있으나, 사출제품과 유동부 각각의 해석 데이터를 확인할 수 없는 단점이 있다.

메쉬 생성이 완료되면 반드시 확인해야 하는 과정이 있다. 그것은 Mesh statistics 현황이다. 여기서는 메쉬의 크기는 적절한가? 불량 메쉬의 수는 많지 않은가? 등을 먼저 확인한다. 메쉬의 크기가 적절하지 않을 경우에는 Undo를 실행하거나 불러들이기를 통하여 다시 수행한다. 생성된 메쉬의 불량이 수정하기에 너무 많은 경우에는 여러 가지 형태의 확장자 파일을 각각 불러들여 메쉬 생성을 하고 비교하여 수정하기에 가장 적합한 모델을 선정한다.

메쉬의 상태는 Mesh statistics에서 확인할 수 있다. 아래에 언급하는 메쉬 품질은 반드시 '0' 이 되어야 한다.

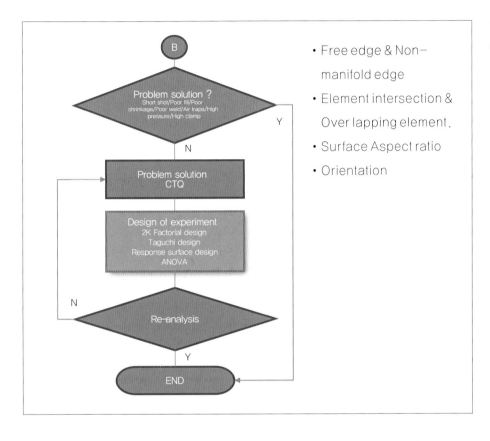

그림 3·30
최적화 절차

그림 3·31은 Mesh statistics을 클릭하면 모델링 창에 생성된 메쉬의 정보와 수정되어야 할 element의 개수를 확인할 수 있다.

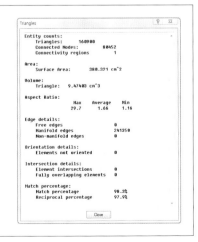

그림 3·31
Mesh statistics 현황

9. 해석과정ⓐ

첫번째 사례는 두께 0.5mm와 1.2mm의 패턴이 있는 도광판용 사출제품이다. 게이트 형상은 엣지 게이트 방식으로 하였다. 엣지 게이트는 일명 팬 게이트라고도 한다. 엣지 게이트 형상에 대하여는 3가지 방식을 택하였다. 초기 도광판을 생산할 때는 폭이 15mm인 팬 게이트를 주로 사용하였다. 일반적으로 초창기 때는 유동 패턴에 대한 지식이 부족해서 15mm의 팬 게이트를 사용한 결과, 수많은 시행착오를 겪었던 것이 사실이다. 그래서 이번에는 15mm, 30mm, 70mm의 3가지 게이트 형상과 게이트 중심부 두께를 0.4mm, 0.6mm, 0.8mm로 차이를 두고 초기 해석 결과를 공유하고 여러 사례 중에서 70mm 엣지 게이트를 선정하여 최적화 과정의 정보를 공유하고자 한다.

(1) 모델링 정보

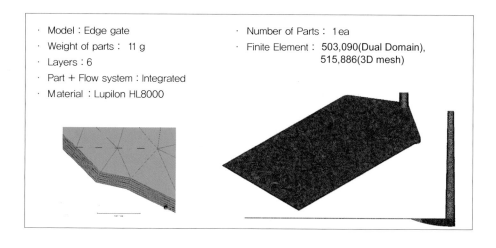

- · Model : Edge gate
- · Weight of parts : 11 g
- · Layers : 6
- · Part + Flow system : Integrated
- · Material : Lupilon HL8000
- · Number of Parts : 1ea
- · Finite Element : 503,090(Dual Domain), 515,886(3D mesh)

앞장에서 언급한 것처럼 새로운 모델링을 불러올 경우 모델에 대한 사출 정보를 미리 확보하기가 쉽지 않다. 사전에 금형을 제작하여 시험사출을 한 결과가 있을 경우에는 예외일 수는 있겠으나, 해석이 필요한 제품은 대부분 금형 제작 전에 유동 패턴을 확인하고 게이트 위치와 형상과 개수를 결정하고 사전 유동 패턴을 확인하는 것이 일반적인 흐름이다. 그러나 사출제품만 제공된 상태에서 게이트의 형상과 크기를 결정하기란 여간 어려운 일이 아니다. 유동특성을 감안하여 적절한 게이트의 위치를 찾으려면 몰드플로우에서는 3D 메쉬를 생성하여 찾는 방법을 제공하고 있다. 이번 모델은 게이트 위치를 찾기 위한 노력이 필요 없는 모델이다. 이미 게이트의 형상과 위치와 크기가 정해져 있는 모델이기 때문에 최초 사출조건을 자동으로 찾는 방법을 제시하고 초기 해석을 실시할 수 있는 방법을 소개하고자 한다.

몰드플로우에는 최초 사출조건을 자동으로 찾아주는 기능이 있다. Fast Filling,

Fill+Pack, Molding Window라는 기능이다. 우선 그림 3·32는 Fast Fill의 데이터 입력 창이다. 데이터 입력은 금형 온도, 수지 온도, 사출기 형체력, 사출 압력이다. 사출 시간과 V/P 전환은 자동으로 설정하였다.

(2) Material 정보 (KITECH-pvt measured)

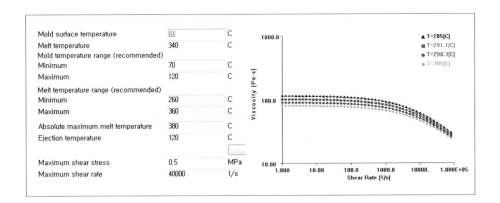

(3) Fast Fill & Fill+Pack (default 1st applied) -〉 엣지 게이트 70mm, 사출제품 두께 0.5mm

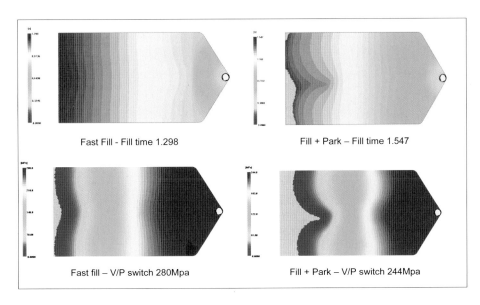

Fast Fill - Fill time 1.298

Fill + Park – Fill time 1.547

Fast fill – V/P switch 280Mpa

Fill + Park – V/P switch 244Mpa

엣지 게이트 폭 70mm는 Fast Fill 입력 데이터 금형 온도 95도, 수지 온도 340도, 형체결력 130톤, 최대 사출 압력 280Mpa이다. 형체결력과 사출 압력은 기계 성능의 약 80 수준으로 하였다. 그림 3·32는 Fast Fill과 Fill+Pack의 유동 결과를 보여주고 있다.

Fast Fill 해석 결과 사출 시간은 1.298초, 수지 온도는 255.6도~340도, 사출 압력은 280MPa, 형체결력은 156톤이다. 수지 온도 차이가 약 84도 차이가 나는 것은 최악의 성형조건이다. 경험적으로 보아도 1.298초는 많이 늦은 충진 시간이다. 사출 시간이 길어짐에 따라 이미 얇은 사출제품에서는 급격한 고화 현상이 나타나며 사출 압력이 급속하게 상승하는 것을 알 수 있다.

Fill+Pack 모듈의 사출 시간은 1.547초, 수지 온도는 144~340도, 사출 압력은 253MPa, 형체결력은 113.4톤이다. Fill+Pack 모듈을 이용하여 해석한 결과는 Fast Fill보다 오히려 사출 시간이 길어졌다. 용융수지 선단의 온도 차이도 약 96도로 최악의 성형 상태를 제시하고 있다.

초기 사출 시간을 추정하기 위해서 상기 두 가지 방법을 사용하여 시도하였으나, 결과는 서출 시간을 추정하기가 매우 곤란한 결과치를 제공하고 있다는 사실이다. 다음은 다양한 형태의 초기 해석 결과이다.

그림 3·33
게이트 폭과 두께에
따른 유동특성

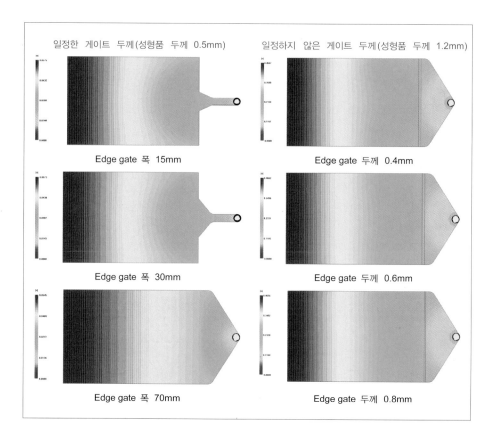

그 동안 경험으로 이러한 조건에서는 두께 0.5mm 이하의 초슬림 사출제품은 사출할 수 없기 때문에 이미 제시하였던 모델링 6개에 대하여 사출제품 두께가 0.5mm는 사출 시

간 0.04초, 사출제품 두께가 1.2mm는 사출 시간을 auto로 하여 유동해석을 실시하였다. 그럼에도 불구하고 상기 제품의 CTQ 값을 결코 얻을 수 없었다. 그림 3·33는 각각의 형상에 대한 유동해석 결과 충진 패턴이며 그림 3·34는 게이트 형상별 사출 시간 압력 수축의 변화이다.

그림 3·34
게이트 폭과 두께에
따른 유동특성

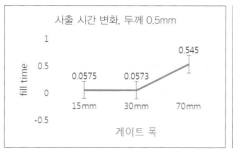
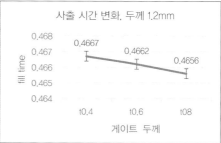

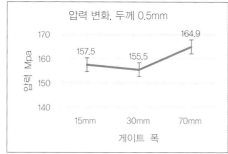
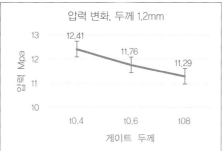

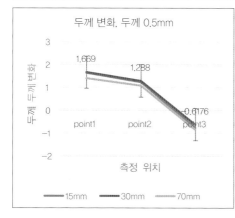
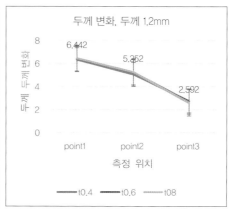

해석 성형 제품의 CTQ(핵심 품질특성)는 두께 편차가 1% 이내이다. 그림 3·34는 사출 시간, 압력, 수축이 게이트의 폭과 두께에 따라 어떤 변화가 있는지를 확인하였다. 성형 결과 폭 15mm는 −0.7545~1.639%, 폭 30mm는 −0.6176~1.669%, 폭 70mm는 −0.8403~1.405%의 두께 편차가 발생했다.

게이트 두께 0.4mm는 2.763~ 6.314%, 0.6mm는 2.710~6.419%, 0.8mm는

2.592~6.442%의 두께 편차가 발생하고 있다. 현재의 조건으로는 100% 성형할 수 없는 성형조건이다.

두께 0.5mm와 1.2mm의 사출 압력을 관찰하면 약 13.2 배의 많은 차이가 있다. 비록 두께의 작은 차이일지라도 많은 압력 차이가 있는 만큼 사출성형 변수가 얼마나 많은지를 단적으로 보여주고 있는 좋은 사례 중 하나라고 할 수 있다.

(4) Fill time -〉 엣지 게이트 15mm

그림 3·35

Fill time alterative
유동해석

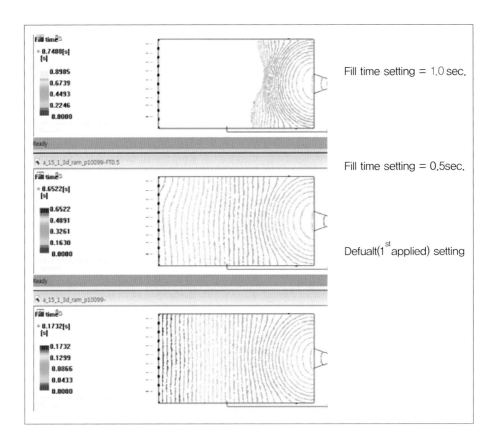

그림 3·35는 사출 시간을 변화하여 얻은 유동 패턴이다. 사출 시간에 따라 용융수지의 충진 상태를 직접 확인할 수 있다. 그림 3·36은 실제 상황을 가지고 전산모사와 사출기를 통하여 사출을 시도하였다. 해석 결과 사출 시간은 1.0초, 사출기에서 사출 시간은 0.127초이다. 전산모사와 실제 성형 결과와는 약 7.8배의 갭이 발생하고 있다.

전산모사를 통하여 사출 시간 0.127초를 입력하고 해석을 실시할 경우 탁월하게 성형해석 결과를 얻을 수 있다. 두께 편차도 완벽하게 잡을 수 있고 사출 압력도 안전한 범위에서 사출 성능을 발휘할 수 있다.

그러나 전산모사 결과와 실제 성형과는 차이가 많다. 그림 3·36은 실제 성형 형상을 찾기 위해 역추적하여 찾아낸 해석 결과가 사출 속도 1초대일 때와 성형현장에서 사출 시간이 0.127초일 때이다. 이런 해석 결과와 현장 성형과의 차이를 어떻게 극복할 것인가는 매우 흥미로운 일이다. 많은 금형설계자나 성형전문가들은 해석 결과와 실제 성형 시 성형 조건과 맞지 않는다고 말하고 있다. 이러한 의문과 고민들에 대하여 지금까지 해석조건과 성형조건이 맞지 않는 것을 실제 정보를 통해 확인하였다.

그러면 이럴 때는 어떻게 해야 할 것인지에 대한 해결방법이 요구되게 될 것이다. 이런 불확실한 초기 성형 정보를 가지고 최적의 사출성형 전산모사 기술을 어떻게 과학적으로 해결할 수 있을 것인지가 해석 전문가들에게는 가장 큰 숙제가 아닐 수 없다.

다음으로는 그 해결방법을 제시하고자 한다.

short shot result	
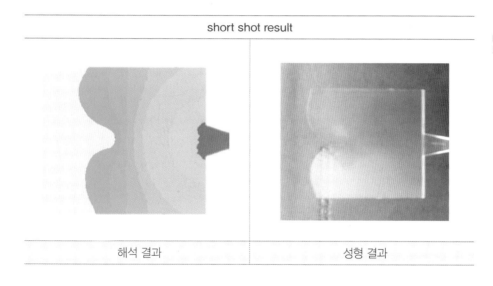	
해석 결과	성형 결과

그림 3·36
Fill+Pack 해석 결과
와 실제 성형 제품

10. DOE를 활용한 엣지 게이트 최적화

(1) Molding window

그림 3·37은 Molding window work flow이다. Molding window 기능은 또 다른 사출이 가능한 영역을 자동으로 제시해 주는 기능이다.

이 방법을 사용하여 그림 3·29~3·30의 해석 과정의 지식을 공유하고 최적화를 풀어 가게 될 것이다. 우선 몰드플로우 Pre-process 창에서 아래와 같이 Molding window condition을 입력하면 성형 가능 영역을 확인할 수 있다.

(2) Molding window work flow

그림 3·37
Molding window
work flow

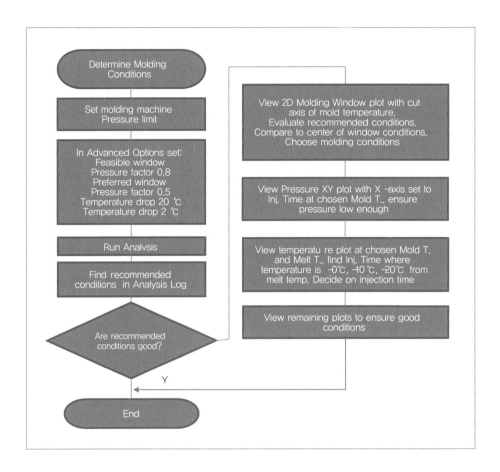

(3) Molding window condition

구분	내용
Mold surface temperature	70~120도 −〉 auto
Melt temperature	260~360도 −〉 auto
Injection time	Auto
Injection location	12
Molding M/C	Clamping force, Injection pressure, screw diameter
Advanced options	Work flow 참조

Molding window 해석은 매우 신속하게 결과를 볼 수 있으며 성형을 안정적으로 할 수 있는 안정적인 영역(Preferred), 성형 가능한 영역(Feasible), 성형 불가능한 영역(Not Feasible)으로 쉽게 확인할 수가 있다.

Molding window에서 확인할 수 있는 내용은 다음과 같다.

- 제품의 충진이 가능한 낮은 압력에서 해석하고자 할 때 성형 가능한 압력은 얼마일까?

- 게이트 위치와 개수는 몇 개가 적당할 것인가?

- 제품을 성형할 수 있는 사출 시간 범위는 얼마인가?

- 어떠한 수지가 가장 성형하기 좋은가?

- 제품의 두께 방향에 대한 성형성은 어떻게 될까?

- 냉각 시간은 얼마나 주어져야 할까?

그림 3·38은 Molding window를 통하여 얻은 성형 정보이며, 표 3·11은 Molding window 해석 결과값으로 유동해석 최소한의 기본 정보를 제시해 준다.

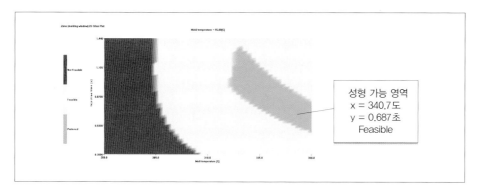

그림 3·38
Molding window
해석 결과

Molding window 결과값 [표 3·11]

구분	추천값	조정값
Recommended Mold Temperature	120.00 ℃	95.000 C
Recommended Melt Temperature	360.00 ℃	340.00 C
Recommended Injection Time	0.6955 s	0.6870 s

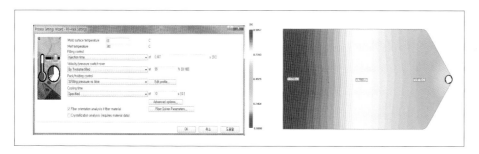

그림 3·39
유동해석 Process
settings과 사출 시간

그림 3·39는 Molding window 해석으로 얻은 결과값이며, CTQ값을 추적할 수 있는 시발점이기도 하다.

사출 압력의 입력값은 0.687초였으나 해석 결과 0.9857초로 밀리는 현상이 나타났다. 왠지 성형 시 유동저항을 상당히 받고 있는 느낌이다. 용융수지가 캐비티 내부로 충진될 때 수지의 유동 선단의 온도를 관찰하면 우선 온도 차이가 340도 ~ 266도이다. 두께가 0.5mm 이하의 초슬림형 제품을 성형하기 위해서는 온도 차이는 5도 이내 정도면 무난하나, 상기 온도는 약 74도가 차이가 나는 것을 확인할 수 있다. 상대적으로 형체결력과 사출 압력이 급상승하는 요인이기도 하다. 형체결력은 152.7톤, 사출 압력은 최대 280Mpa로 권장값인 150톤과 280Mpa를 초과하고 있다. 과잉 충진에도 불구하고 사출제품의 두께 편차는 −1.344~−2.991%로 불균일할 뿐만 아니라 과잉 충진으로 금형이 벌어지는 현상까지 발생하고 있다. 이러한 변형은 도광판의 휘도를 현저히 떨어뜨리는 이유 중에 하나가 되며 재현성 있는 제품을 생산하기 어렵다. 이 성형조건으로는 CTQ값을 결코 얻을 수 없다는 결론을 쉽게 낼 수 있다. 대부분 성형해석 전문가들은 이 상황에서 최적 성형조건을 찾기 위해 수많은 변수들에 대한 차이를 두고 수십 개의 해석모델을 돌리면서 나름대로 근사적인 최적의 값이라고 판단한 것을 가지고 해석 결과를 제시하고 있다.

그림 3·40
두께 편차와
용융수지 온도

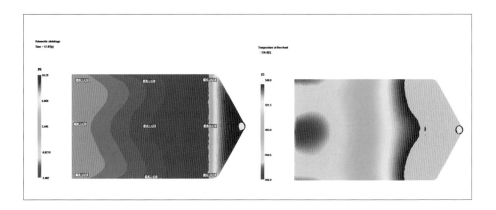

지금부터가 중요하다. 그 동안 어떤 기준을 가지고 최적의 값을 제시했던 해석 결과들이 아니라 막연하게 최적이라고 판단하는 수준으로 제시했던 종래의 방법을 탈피하여, 과학적인 방법으로 구체적으로 계량화된 최적의 성형조건 값을 찾는 방법을 제시하고자 한다.

11. 유동해석ⓑ

(1) CTQ 현재 수준 (1차)

구분	Mold T.	Melt T.	Inj. T.	V/P SW.	Pack P.	특성치 (Y), %		
						a	b	c
Value	95	340	0.687	99	80	−1.347	−2.169	−.2.991

현재 수준의 핵심 품질특성은 특성치(Y) 값이다. Y값은 −1.347~−2.981%이다. 몰드플로우 process setting 창에는 다양한 변수 입력이 가능하도록 되어 있으나, 우선 상기와 같이 요인의 수를 5개로 정하였다. 실험계획은 우선 보편적으로 많이 사용하고 있는 2k 요인 설계 방법을 적용하기로 했다.

2k 요인 설계에는 2수준 완전 요인 배치 수가 7개까지 가능하다. 이 설계는 128번의 실험을 해야 하고 많은 시간이 필요하다. 여기서 우리는 요인 수를 5개로 정하기로 한다. 요인 수 5개는 상기 CTQ 현재 조건에 나타나 있다. 요인 수가 5개일 경우 완전 요인 배치를 하려면 32번의 실험을 해야 하나, 해상도 V를 택하여 16회 실험으로도 거의 유사한 결과를 낼 수 있으므로 2k 일부 요인 설계로 실험을 진행하기로 한다. 요인별 2수준 내용은 표 3·12와 같으며 2k 일부 요인 설계는 표 3·13과 같다.

2k 일부 요인별 수준 [표 3·12]

No.	Items	Parameter	Levels		remarks
			Min.	Max.	
1		Mold temperature (℃)	90	100	
2		Melt temperature (℃)	320	360	
3	Process settings	Fill time (sec)	0.1	0.5	
4		V/P SW	98	100	
5		Pack/Holding pressure (%)	60	100	
6	특성치 (Y)	Part quality Shrinkage (%)	0	0	CTQ

2k 일부 요인 설계 수준은 Item으로 Process setting 과 CTQ로 구분하였다. 수준별 입력값은 표 3·12와 같다. 표 3·13은 2k 일부 요인 설계로 16번의 실험을 통하여 핵심 품질특성(CTQ) 값을 측정하여 입력한 값이다. 여기서 제품의 CTQ 값은 두께 방향의 수축률로 잡았다. 즉, 포인트별 Volumetric Shrinkage 값을 핵심 품질특성으로 잡은 것이다.

2k 일부 요인 설계 배치 [표 3·13]

표준 순서	런 순서	중앙점	블록	Mold Temp.	Melt Temp.	Inj. Time	V/P SW	Pack P.	특성치 (Y) %		
									a	b	c
16	1	1	1	1	1	1	1	1	−1.48	−1.867	−2.544
2	2	1	1	1	−1	−1	−1	−1	2.698	1.704	−0.5878
3	3	1	1	−1	1	−1	−1	−1	4.778	4.058	0.3147
15	4	1	1	1	1	1	1	−1	1.297	0.6863	−0.8684
9	5	1	1	−1	−1	−1	1	1	1.839	1.396	−0.815
8	6	1	1	1	1	1	−1	−1	2.662	1.217	−0.4245
13	7	1	1	−1	−1	1	1	1	−3.54	−3.764	−4.232
4	8	1	1	1	1	−1	−1	1	1.327	0.7748	−1.146
14	9	1	1	1	−1	1	1	−1	0.0526	−0.5254	−1.805
1	10	1	1	−1	−1	−1	−1	1	−0.93	−1.244	−2.487
6	11	1	1	1	−1	1	−1	1	−2.81	−3.049	−3.655
11	12	1	1	−1	1	−1	1	1	0.9775	0.1751	−1.363
12	13	1	1	1	1	−1	1	−1	4.513	3.639	0.1977
10	14	1	1	1	−1	−1	1	1	−1.201	−1.494	−2.608
7	15	1	1	−1	1	1	−1	1	−1.212	−1.646	−2.413
5	16	1	1	−1	−1	1	−1	−1	0.9806	−0.1208	−1.589

(2) 요인 설계 분석 (Analyze Factorial design)

① Pareto 분석

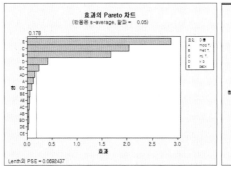
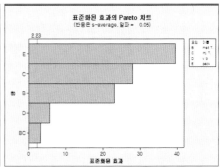

temperature, mold temp. * V/P, melt temp. * inj. Temp.는 이번 실험 결과에
크게 영향을 주지 않은 것으로 나타나 계산 항에서 제외하였다.

② Pareto 분석

[회귀분석] 'a(s3)'에 대한 추정된 효과 및 계수 (코드화된 단위)

항	효과	계수	SE 계수	T	P
상수		−1.627	0.05001	−32.530	0.000
mold T.	0.11	0.055	0.05001	1.100	0.303
melt T.	1.192	0.596	0.05001	11.910	0.000
Inj. T.	−1.13	−0.565	0.05001	−11.290	0.000
v/p	−0.256	−0.128	0.05001	−2.560	0.034
pack	−1.859	−0.929	0.05001	−18.580	0.000
mold T. *v/p	0.02	0.01	0.05001	0.200	0.848
melt T. *Inj. T.	0.066	0.033	0.05001	0.660	0.526

[분산분석] 'a(s3)'에 대한 분산 분석 (코드화된 단위)

출처	DF	Seq SS	Adj SS	Adj MS	F	P
주효과	5	24.9149	24.9149	4.983	124.530	0.000
mold T.	1	0.0484	0.0484	0.0484	1.210	0.303
melt T.	1	5.679	5.679	5.679	141.920	0.000
Inj. T.	1	5.1036	5.1036	5.1036	127.540	0.000
v/p	1	0.2627	0.2627	0.2627	6.560	0.034
pack	1	13.8211	13.8211	13.8211	345.400	0.000
2차 교호작용	2	0.0191	0.0191	0.0096	0.240	0.793
mold T.*v/p	1	0.0016	0.0016	0.0016	0.040	0.848
melt T.*Inj.	1	0.0175	0.0175	0.0175	0.440	0.526
잔차 오차	8	0.3201	0.3201	0.040		
총계	15	25.2541				

③ 잔차 그림 해석

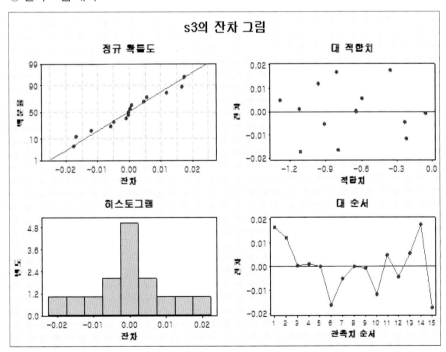

정규 확률도는 정규 분포로부터 유의하게 벗어나지 않고 잔차 대 적합치는 0 부근에서 랜덤하게 분포하고 있으며, 잔차 대 데이터 순서는 특이점을 발견할 수 없어 실험 결과가 실험 순서에 독립적이라고 할 수 있음을 확인하였다.

④ 최적 조건 찾기

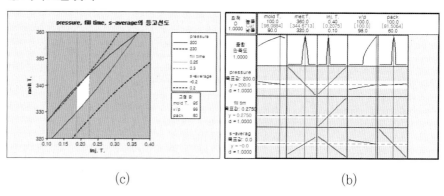

| (c) | (b) |

최적 조건을 찾기 위해서는 등고선도, 표면도, 중첩 등고선도를 활용하여 원하는 최적값을 찾기 위한 Fitting 분석을 반복하고 반응 최적화 도구를 이용하여 최적의 성형 조건을 찾아내는 것이다. (a)는 중첩 등고선도를 이용하여 사출성형 최적 구간을 찾아낸 것으로 흰색 부분이 성형 가능한 영역이다. (b)는 최적 조건을 찾기 위한 Fitting 이 완료되면 (b)와 같이 최적 성형조건 값을 정확하게 찾아낼 수 가 있다. 그림 3·41은 Molding window 해석 결과와 2k_2^5 요인 설계 방법으로 얻은 최적화 해석 결과이다.

그림 3·41
Molding window와
2k_25 요인 결과

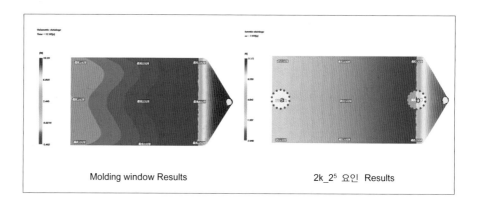

Molding window Results   2k_2^5 요인 Results

1단계 최적화 과정에서 얻어진 CTQ 값이 만족할 경우 여기서 해석을 종료하고 결과 값을 현장에 반영하는 작업이 필요하다. 그러나 상기 값을 평가하면 ⓐ와 ⓑ 위치의 두께 편차가 2.086% 이다. 따라서 2단계 최적화 과정을 진행할 수 있다.

2단계 진행에는 이미 1단계에서 유효성이 검증된 요인을 중심으로 2k 요인 배치 설계, RSM(Response Surface Method), Taguchi method로 다시 최적화할 수 있다. 여기서는 Taguchi 방법을 통하여 내측배열과 외측배열을 활용하여 신호 대 잡음 비 최적값을 찾아내고, 이 값을 기준으로 RSM으로 최적 조건을 찾는 과정을 해석하면 여러분이 생각하는 이상의 완벽한 결과를 얻어낼 수 있다.

(3) Taguchi 분석

① 실험 배치 및 실험 (L9 ^{3*3})

내측배열			외측배열		
Inj.t	v/p sw	Pack P.	a	b	c
1	1	1	0.5011	0.1977	−1.386
1	2	2	−0.8685	−1.008	−1.432
1	3	3	−2.167	−2.089	−1.513
2	1	2	0.4862	0.2195	−0.7818
2	2	3	−0.8324	−0.9721	−0.8172
2	3	1	1.286	1.008	−0.9098
3	1	3	0.0105	−0.3487	−0.5102
3	2	1	1.823	1.463	−0.5901
3	3	2	0.7079	0.3391	−0.6733

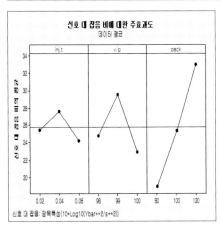

3수준으로 설계한 Taguchi 설계에는 최적 수준 판단은 Injection time 2수준(0.04초), V/P 2수준(99%), Pack pressure 3수준 (120Mpa)이다. 이미 앞서 검증한 금형 온도, 수지 온도는 이번 사출제품 두께에 큰 영향을 주지 못한다는 것을 알았기 때문에 상기 3개 요인을 더욱 구체화하여 최종 해석 모델을 만들었다. 아래 색상은 해당 요인을 표시하였다.

② 특성치(Y) 현재 수준 (2차)

구분	Mold T.	Melt T.	Inj. T.	V/P SW.	Pack P.	특성치 (Y), %		
						a	b	c
Value	95	340	0.04	98	120			

No.	classification	Parameter	Levels		remarks
			Min.	Max.	
1		Mold temperature (℃)	90	100	
2		Melt temperature (℃)	320	360	
3	Process settings	Fill time (sec)	0.03	0.05	유의
4		V/P SW	98	100	유의
5		Pack/Holding pressure (%)	110	130	유의
6	Part quality 특성치 (Y)	Shrinkage (%)	0	0	CTQ

반응표면 설계 배치 [표 3·14]

표준 순서	런 순서	중앙점	블록	Inj. T.	V/P SW	Pack P.	특성치 (Y) %		
								b	c
8	1	2	1	1	0	1	−0.9908	−1.143	−0.6632
7	2	2	1	−1	0	1	−1.801	−1.799	−1.06
5	3	2	1	−1	0	−1	−0.7557	−0.8998	−1.069
1	4	2	1	−1	−1	0	−1.125	−1.207	−0.9704
6	5	2	1	1	0	−1	0.3489	−0.0366	−0.5986
13	6	0	1	0	0	0	−0.8333	−0.9883	−0.8101
11	7	2	1	0	−1	1	−1.155	−1.256	−0.7611
12	8	2	1	0	1	1	−1.332	−1.401	−0.8242
14	9	0	1	0	0	0	−0.8333	−0.9883	−0.8101
10	10	2	1	0	1	−1	−0.2218	−0.4955	−0.8683
3	11	2	1	−1	1	0	−1.425	−1.484	−1.129
9	12	2	1	0	−1	−1	−0.0539	−0.2968	−0.7348
4	13	2	1	1	1	0	−0.667	−0.8555	−0.7947
15	14	0	1	0	0	0	−0.8333	−0.9883	−0.8101
2	15	2	1	1	−1	0	−0.25	−0.5677	−0.6205

우리는 최적 조건을 찾기 위한 마지막 단계를 분석하고 있다. 실험방법은 반응표면법 중에서 박스 벤켄법으로 실험계획을 세웠다. 왜냐 하면 이미 몇 차례 최적화를 거치는 과정에서 성형조건의 범위를 어느 정도 예측하게 되었고, 그 범위에서 실시하면 최적값을 얻을 수 있을 것으로 판단했기 때문이다. 아래 그림은 중첩 등고선도 (a)를 통하여 사출 범위를 확인할 수 있고, (b)는 그 값을 계량화하여 정확하게 제시하고 있다. 신뢰도 89% 수준으로 최적값을 활용하면 우리가 원하는 CTQ(핵심 품질특성)을 얻게 된다.

③ 최적 조건

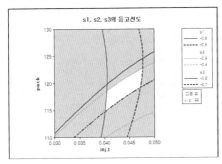

타. 해석결과

특성치(Y) 변화

구분	Mold T.	Melt T.	Inj. T.	V/P SW.	Pack P.	특성치 (Y) %		
						a	b	c
M. window	95	340	0.687	99	80	−1.347	−2.169	−.2991
Taguchi	95	340	0.04	99	120	−0.8338	−1.000	−0.8106
RSM	95	340	0.04151	98	116	−0.3093	−0.5817	−0.6770

Molding window 해석 값을 이용할 경우 특성치 'Y' 는 −1.347~−2.991로 두께 편차가 1.644% 이다. 여기서 주의할 점은 사출제품 두께가 2.991% 만큼 팽창되고 있어 금형이 열릴 수 있는 문제를 가지고 있다. 사출 압력 280Mpa, 형체결력 179.5톤으로 최대 사출 압력이 사출성형기의 스펙보다 오버되어 성형이 어려운 조건이다.

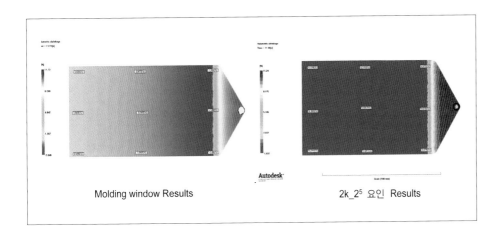

Molding window Results   2k_2⁵ 요인 Results

Taguchi 해석에서는 L9 ^{3*3} 배열로 신호 대 잡음비를 계산하며, 현재와 최적 수준과의 S/N비는 개선 후와 개선 전을 비교하면 38.5967−26.2482 = 12.3485이다. 이것을 손실비로 환산하면 $10^{1.23485}$= 17배의 손실이 감소하였다. 반면에 특성치 'Y'는 −0.8338∼−0.8106으로 두께 편차는 0.1894% 이다. 다만, 과잉 충진으로 인한 사출제품 두께가 0.83% 만큼 팽창하고 있어 금형이 열릴 수 있는 문제점이 발견되었다. 형체결력은 173.8톤, 사출 압력은 198.1Mpa이다. 기계 최대 형체결력을 사용해야 하는 어려움이 있다.

RSM은 설정된 요인들이 특성치 'Y'의 반응값에 어떤 영향을 미치는지를 알려주는 매우 유용한 해석기법이다. 실험 횟수는 15회이며, 특성치 'Y' 값은 −0.3092∼−0.677으로 두께 편차는 0.3677%이다. 여기서도 과잉 충진 현상을 발견할 수 있는데, 그 수치는 0.67% 수준이다. 형체결력은 162.3톤, 사출 압력은 184.9Mpa이다.

그림 3.42는 DoE의 3가지 해석 방법으로 최적화한 결과값이다. DoE 방법에 따라 결과값이 다른 것을 알 수 있다. 결과값이 다른 것은 실험의 횟수와 배치, 측정 방법 등의 여러 가지 변수가 수반되나 그림에서 확인할 수 있는 것은 각 실험 방법에 있어서 최상의 값을 가지고 있는 것이다.

그림 3·42
DoE 해석 방법에
따른 결과 값

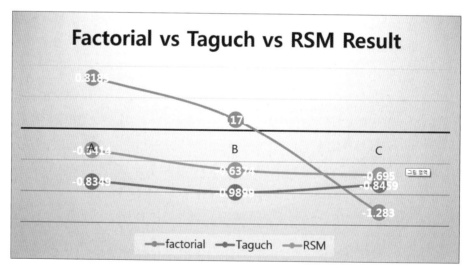

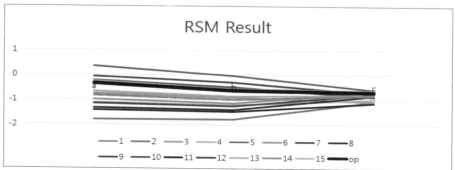

참고로, 표 3.15는 사출성형 현장에서 성형 조건의 우선순위를 결정하는 Pair Matrix 방법이다. 실무자의 브래인스토밍을 통하여 결정할 수 있는 것으로 현장에서 유용하게 활용할 수 있는 도구이다. ANOVA 분석은 계산 결과에 의존 한다면 Pair Matrix 방법은 순전히 경험의 결과로 얻은 성형 조건의 우선순위이다.

사출성형 조건 우선순위 결정 방법 (표 3.15)

No	Pair Matrix Customer Needs	1 계량거리	2 사출온도	3 사출속도(다단)	4 보압크기(다단)	5 보압시간(다단)	6 냉각시간및온도	7 에어벤트	8 V/P전환위치	9 압축거리	10 압축압력	11 압축지연시간	12 배압	13 스크류회전수	14 석백량	15 쿠션량	Column
1	계량거리	■	0	1	0	0	0	−1	1	0	0	0	0	0	0	0	1
2	사출온도		■	0	0	1	0	−1	−1	0	0	0	0	0	0	0	−1
3	사출속도(다단)			■	1	1	1	1	1	0	0	0	0	1	1	1	8
4	보압크기(다단)				■	1	1	1	1	0	0	0	0	0	0	1	5
5	보압시간(다단)					■	1	1	0	0	0	0	0	0	0	0	2
6	냉각시간,온도						■	−1	0	0	0	0	0	0	0	0	−1
7	에어벤트							■	1	0	0	0	0	0	1	1	3
8	V/P전환								■	0	0	0	0	0	1	1	2
9	압축거리									■	−1	−1	0	0	0	0	−2
10	압축압력										■	−1	0	−1	0	0	−2
11	압축지연시간											■	−1	−1	−1	0	−3
12	배압												■	1	−1	−1	−1
13	스크류회전수													■	1	0	1
14	석백량														■	−1	−1
15	쿠션량															■	0
	Row	0	0	1	1	3	3	0	3	0	−1	−2	−1	0	2	2	

		Min	−4				
No	Column	Row	Score	Rank	Weight	Importance Rating
1	1	0	1	8	7.6	4
2	−1	0	−1	6	5.7	7
3	8	1	7	14	13.3	1
4	5	1	4	11	10.5	2
5	2	3	−1	6	5.7	7
6	−1	3	−4	3	2.9	15
7	3	0	3	10	9.5	3

8	2	3	−1	6	5.7	7
9	−2	0	−2	5	4.8	12
10	−2	−1	−1	6	5.7	7
11	−3	−2	−1	6	5.7	7
12	−1	−1	0	7	6.7	6
13	1	0	1	8	7.6	4
14	−1	2	−3	4	3.8	14
15	0	2	−2	5	4.8	12
Total	11	11	0	105	100.0	108

Score = Column−Row,   Rank = Score + Min + 3,   Weight = Rank / Total Rank x100

지금까지 게이트에 대한 종류와 형상에 따른 내용을 다루며 필요에 따라 전산모사를 통하여 검증결과를 제시하였다. 이외에도 사출−압축 성형기술에서도 정확하게 해석할 수 있는 고도 기술 등의 사례가 있으나 게이트 부에 대한 기술 내용은 여기서 마무리 하고자 한다.

03 핫러너 시스템

사출금형에서 스프루와 러너는 용융된 수지를 캐비티 내부로 안내하는 유동 시스템이다. 그러나 이 스프루와 러너는 사출제품을 얻기 위한 보조 수단일 뿐으로 매 사이클마다 사출제품과 동시에 성형된다. 이것을 제품 취출 시 제품과 분리하고 제품면을 마무리해야 하기 때문에 스크랩이 발생하게 된다. 러너리스 금형은 이러한 스프루 러너가 나오지 않도록 하는 금형을 말하는 것이다. 일반적으로 사출금형에서의 유동 시스템은 다음과 같이 구분한다.

- **게이트** : 게이트는 러너와 캐비티를 연결하는 중간 매체로서 성형할 제품의 캐비티에 용융 수지를 충진하도록 안내하는 기능과 충진 완료 후 캐비티 내의 수지가 역류하는 것을 방지하는 역할을 하며 콜드러너와 핫러너에 반드시 존재해야 하는 유동 시스템이다.
- **콜드러너** : 금형에서 일반적인 유동 시스템은 스프루 러너 게이트를 말하는데 이것이 제품과 같이 취출되어 나오면 콜드러너 금형이라고 하고, 이때 나오는 유동 시스템를 냉각되어 제품과 같이 나온다 하여 콜드러너라고 부른다.
- **핫러너** : 일반적으로 이러한 유동 시스템이 생략되고 제품만 취출되는 금형 구조를 핫러너 금형 구조라고 한다. 여기서 핫러너는 유동 시스템을 뜨거운 상태로 유지해서 유동성을 확

보하는 의미로서 핫러너라고 부른다.

• 러너리스 금형(Runerless Mold)은 이와 같은 의미로서 러너가 없는 상태로 제품만 취출 되는 구조의 금형을 말하며, 사출성형기의 노즐을 이용하여 용융수지를 직접 캐비티에 충 진하는 것을 말한다.

이미 앞에서 게이트와 콜드러너에 대해서는 다양한 사례를 들어 소개한 바 있으므로 이번에 는 러너리스를 중심으로 관련 기초 지식과 핫러너를 적용한 컴퓨터 해석 응용 지식을 공유하 고자 한다.

1 러너리스 금형 (Runerless Mold)

1. 익스텐션 노즐 금형 (Extention Nozzle)

성형기 노즐에서 직접 캐비티에 사출하는 방법으로 가장 간단한 러너리스 금형이라고 할 수 있다. 그림 3·43는 사출기의 노즐이 연장(Extention)되어 금형의 게이트 부분까지 확장된 형태로서 하나의 게이트가 금형의 중심에 설치되어 있는 금형에만 적용할 수 있는 러너리스 금형이다. 사출기의 연장 노즐 형태와 금형이 러너 없이 연결되어 있는 구조인 것이다. 지금도 캐비티 압력이 높지 않고 단순 형태의 제품에서 많이 사용된다.

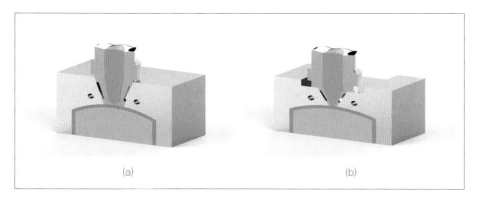

(a)　　　　　　　　　　　　(b)

그림 3·43
익스텐션 노즐의 예

2. 웰 타입 노즐 금형 (Well Type)

성형기 노즐이 접촉되는 스프루의 접촉부에 용융수지의 공간(Well)을 설치하여 용융수 지가 수지 자체의 단열성을 이용하여 스프루 중심부의 수지를 용융 상태로 유지하는 방법 으로 익스텐션 노즐 금형을 응용한 형태의 간단한 러너리스 금형이다. 이것도 익스텐션 노즐과 마찬가지로 하나의 게이트가 금형의 중심에 설치되어 있는 금형에만 적용할 수 있 다. 이와 같은 제품은 PP나 PE 등과 같은 범용 수지를 중심으로 사용되고 있다.

그림 3·44
웰 타입 노즐의 예

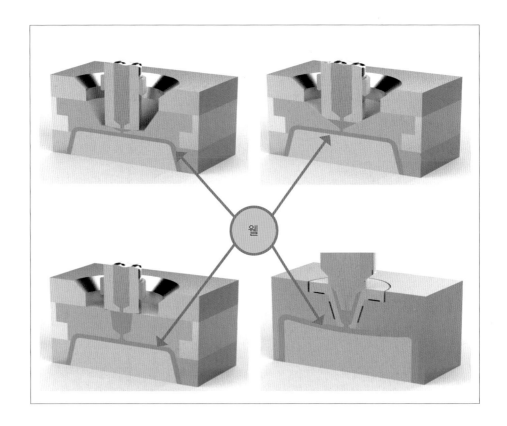

3. 인슐레이티드 러너 (Insulated Runner)

금형 형판에 스프루, 러너의 직경을 크게 설치하여 수지 자체의 단열성을 이용하여 수지가 흐르는 중심부를 용융 상태로 유지하는 방법이다. 극히 제한된 수지와 사출제품에만 적용이 가능하다. 보조적으로 별도의 히터를 러너의 중심에 설치하는 경우가 있으나, 이는 이미 핫러너의 일종으로 보아야 할 것이다. 인슐레이티드 러너 시스템은 용융수지를 이송하는 가장 오래되고 간단한 방법이다.

이 시스템은 러너를 가열하지 않으면서도 러너의 단면을 콜드러너 금형이나 핫러너 금형의 러너보다 훨씬 크게 가공하여 제작한다. 사출기에서 사출된 수지는 이 러너를 통과할 때 러너 표면은 고화가 일어나고, 이것이 어느 정도 시간 동안은 단열 역할을 하게 되고 중심부는 용융 상태를 유지하게 된다. 중심부의 용융수지가 고화되기 전에 다음 사이클이 진행되면 지속적으로 중심부의 용융 상태를 유지하면서 사출이 가능해진다. 그러나 이 시스템은 일정 시간 이내에 다음 사이클이 진행되지 않으면 러너의 고화가 일어나고 사출이 불가능해진다. 이 경우 금형을 분해하여 러너 내의 고화된 수지를 제거하는 불편함이 있다. 사출 시에는 핫러너 금형에 비해서 훨씬 높은 사출 압력이 필요하게 되는데, 이는 러너 내의 수지에서 열손실에 의해 고화층이 발생되고 중심부도 냉각이 서서히 진행되면서 사출 시 압력 손실이 크게 작용하기 때문이다. 사용할 수 있는 수지도 한정되는데 주로 저밀도 폴리에틸린(LDPE), 폴리프로필렌(PP), 폴리스틸렌(PS) 등 일부 수지에서만 사용할 수 있다.

현재는 거의 사용하지 않는 시스템으로 상대적으로 금형 제작비는 적게 드는 반면에, 수지 손실이 많아지고 정밀 성형에는 적합하지 않아 극히 일부의 제품에서만 적용되고 있다. 그림 3·45는 인슐레이티드 러너(Insulated Runner)이다. 보통 러너의 직경은 30mm 내외로 유지하여 내부의 용융 온도를 유지하고 사이클 타임을 30초 이내로 하여 시간으로 인한 유동수지의 고화를 최소화하여 유동성을 확보한다. 이때 필요하다면 러너부에 부분 히터를 두어 유동성을 유지할 수도 있다. 게이트 크기에도 여유를 두어 고화가 되지 않도록 하고 고화수지가 유동부에 남지 않도록 해야 한다.

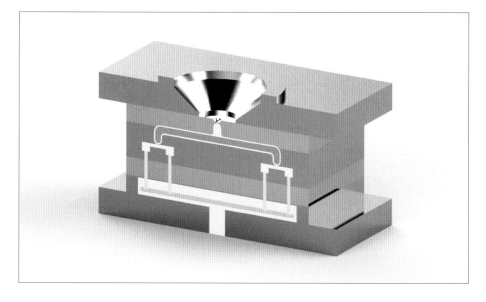

그림 3·45
인슐레이티드 러너

4. 핫러너(Hot Runner) 금형

오늘날에는 기술의 진보로 인하여 '러너리스 금형(Runnerless) = 핫러너(Hot Runner)'로 인식될 정도로 핫러너는 가장 광범위하게 사용되고 있는 러너리스 금형이다. 러너가 냉각 고화하는 것을 막기 위해 별도의 히터를 설치하여 사용하는 방식으로 싱글 게이트의 경우에는 금형 내에 핫러너 노즐(이하 노즐)만 설치되고, 다점 게이트(Multi Gate) 금형의 경우에는 일반적으로 매니폴드(Manifold Block)와 노즐(Hot Runner Nozzle)이 설치된다. 다른 러너리스 금형과 달리 거의 모든 형태의 제품과 수지, 싱글 게이트나 멀티 게이트 금형에 모두 적용할 수 있으며, 용융 온도를 정밀하게 제어할 수 있으므로 정밀한 제품의 성형이나 엔지니어링 플라스틱 등의 수지에도 사용되고 있다.

그림 3·46는 원 캐비티 금형일 때 적용된 핫러너 시스템을 보여주고 있다. 원 캐비티 금형은 간단하게 스프루만을 가열할 수 있는 노즐만 설치하면 핫러너 시스템을 구성할 수 있다. 이러한 노즐을 싱글 노즐이라고 부르는데 일반적으로 오픈 게이트 시스템을 채용하여 가장 간단한 핫러너 시스템을 구성하여 사용할 수 있으나, 최근에는 이러한 싱글 노즐에도 밸브 시스템을 채용하여 오픈 게이트 시스템의 문제점을 보완한 제품이 시판되고 있어 고품질의 원 캐비티 금형에 많이 채용되고 있다.

그림 3·46
원 캐비티 금형의
핫러너 시스템 구조

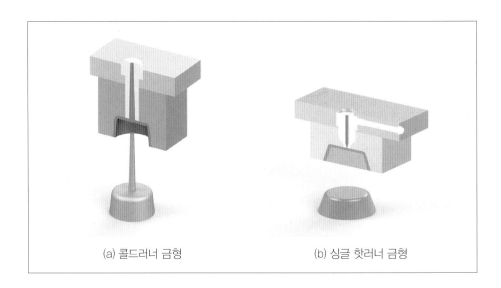

(a) 콜드러너 금형   (b) 싱글 핫러너 금형

그림 3·47은 멀티 캐비티 금형에 적용된 핫러너 시스템의 구조를 보여주고 있다. 성형기의 노즐에서 사출된 수지가 각 게이트까지 전달될 수 있도록 러너를 용융시켜 주는 매니폴드 블록이 설치되고 그 하단에 노즐을 조립한 구조이다.

그림 3·47
멀티 캐비티에서의
핫러너 시스템의 구조

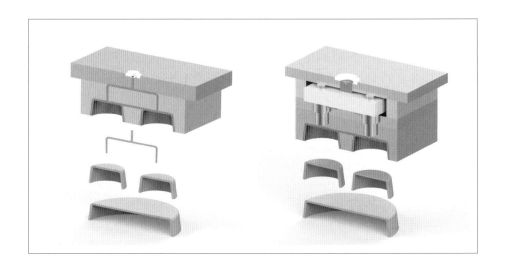

2 핫러너 금형의 특징

1. 원가적인 측면

스프루 러너만큼의 재료가 절감된다. 콜드러너일 경우 러너를 수거하여 러너를 재생하여 다시 사용한다고 하여도 수지에 따라 사출제품에 적용해야 하는 혼합비율이 제한되어 있으므로 폐기해야 하는 수지의 손실을 무시할 수 없다.

2. 성형 사이클 타임의 단축

콜드러너 시스템에서는 스프루, 러너는 일반적으로 제품부에 비해서 고화 시간이 긴데 비해서 핫러너 금형의 경우 캐비티만 충진하면 되므로 사출 시간 및 계량, 보압, 냉각, 형 개폐 시간 등 성형 사이클의 거의 모든 프로세스의 시간 단축이 가능해진다.

3. 품질적인 측면

핫러너 시스템의 유로 내 수지는 항상 용융 상태를 유지하고 있으므로 사출 시 유로 내에서의 압력 손실이 콜드러너 금형에 비해서 작아지게 되어 상대적으로 적은 사출 압력으로도 캐비티 내의 사출이 가능해지게 된다. 이러한 압력 손실을 최소화하면 이를 이용해서 캐비티를 늘리거나 혹은 제품 품질의 윈도 프로세스(window process)가 넓어져서 품질 관리에 용이하다. 특히 밸브 핀 시스템의 경우 시퀀스 컨트롤을 통해 밸브 핀에 의한 게이트의 개폐 시간에 시차를 부여함으로써 웰드 라인의 위치를 바꾸거나 발생하지 않도록 할 수 있게 되어 외관 개선에 유리한 점이 많아졌다.

4. 금형의 수명

핀포인트 게이트를 채용한 콜드러너 금형에서는 3플레이트 방식의 금형을 채용하게 되고 스프루 러너를 취출해 내기 위해서 러너 스트리퍼 플레이트의 반복적인 활동에 의해 금형의 수명이 단축될 수 밖에 없는 구조적인 한계를 가지고 있으나, 핫러너 시스템은 이러한 스프루, 러너의 취출이 필요없게 되어 금형의 수명도 연장시켜 주는 요인이 되기도 한다.

5. 핫러너 시스템의 가열 방식

핫러너 시스템을 가열하는 방식은 크게 내부가열 방식과 외부가열 방식이 있다. 매니폴드 블록뿐 아니라 노즐에도 모두 내부가열 방식과 외부가열 방식을 적용할 수 있다. 현재 시판되고 있는 핫러너 시스템은 매니폴드 블록의 경우 거의 대부분이 외부가열 방식을 채택하고 있고, 노즐의 경우에도 내부가열 방식보다는 외부가열 방식을 채택하여 사용하는 경우가 대부분이다. 그림 3·48에서 (a), (b)는 내부가열 방식을, (c)는 외부가열 방식을 도식적으로 나타내고 있다.

그림 3·48
내부가열 방식 (a), (b)
와 외부가열 방식 (c)
의 개략도

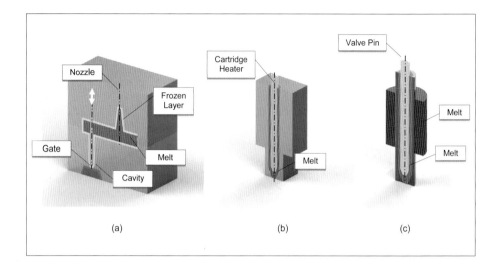

(1) 내부가열 방식

내부가열 방식은 유로의 중앙에 히터를 집어넣어 유로 중앙의 히터의 열에 의해 바깥쪽에 형성된 유로 내의 수지를 용융시키는 방식이다. 내부가열 방식의 경우 유로의 외벽에 수지 고화층이 생기게 되고, 이 수지 고화층이 단열의 역할도 하게 된다. 유로는 히터 표면에서부터 용융된 일정한 두께만큼만 형성되게 되고 용융된 수지의 온도 분포도 히터쪽은 고온이지만, 바깥쪽으로 갈수록 저온이 되기 때문에 수지의 온도 편차에 의한 내부 응력이 발생하기 쉽게 된다. 이러한 온도 분포의 불균형은 사출 압력의 손실을 유발할 수도 있게 되어 대형 금형에 적용하기에는 어려움이 많다. 또한 유동 개선을 위해 히터의 온도를 올리면 국부적으로 과열이 발생할 수도 있다. 또한 고화층이 유로보다 훨씬 두꺼운 층을 이루게 되어 수지의 색교환이 많은 제품에는 적합하지 않을 수 있다. 그러나 비교적 구조가 간단하고 조립이 용이하며, 캐비티 간 피치를 최소화할 수 있기 때문에 소형 제품의 멀티 캐비티 금형에 사용하고 있으나 지금은 거의 사용되지 않고 있다.

(2) 외부가열 방식

외부가열 방식은 매니폴드 블록의 유로 바깥쪽에 히터를 삽입하거나, 매니폴드의 표면에 히터를 매립하여 유로에 용융된 수지가 일정한 온도를 유지할 수 있도록 하고, 노즐에는 노즐의 외곽에 히터를 삽입하거나 몰딩하여 온도를 유지할 수 있도록 하는 방식이다.

외부가열 방식의 경우 유로 내의 수지 온도가 일정하고 유로 내의 고화층이 발생하지 않으므로 내부가열 방식에 비해 수지의 색교환이 용이하나, 블록이나 노즐 전체를 항상 일정한 온도를 유지할 수 있을 정도의 가열이 필요하므로 내부가열 방식에 비해 큰 용량의 히터가 필요하게 된다. 외부가열 방식에서 주의할 점은 히터가 바깥쪽에 구성되어 있어 금형과 조립되어 있는 부분을 통해 직접적으로 열이 금형 내로 옮겨질 가능성이 매우 높다. 따라서 외부가열 방식의 핫러너 시스템을 사용할 경우 핫러너 시스템과 금형 간의 단열을 위한 공간을 충분히 설치해 주어야 하며 접촉부의 재질을 열전도가 나쁜 재질을 선정하여 사용해야 한다. 보통은 티타늄 재질의 인슐레이터를 사용하고, 그 접촉 면적을 최소화하여 열전달을 최소화한다. 이러한 점만 충분히 고려하여 제작되면 내부가열 방식에 비해 많은 장점을 보이고 있기 때문에 현재 가장 일반적으로 사용되는 가열 방식이다.

6. 매니폴드 블록 (Manifold Block)

매니폴드 블록은 용융수지를 사출기의 노즐에서 공급받아 각 캐비티에 분배시키는 유로(Runner)를 형성해 주는 기능을 한다. 노즐에서 유입되는 수지를 용융 상태로 유지시키는 가열 방식은 다음과 같은 방식이 있다. 내부가열 방식은 러너 내에 카트리지 히터를 삽입하여 수지를 직업 가열하는 방식으로 러너의 외벽, 즉 금형면에 가까운 쪽으로는 고화층이 형성되고 히터쪽 즉, 러너의 중심으로 용융층이 형성된다. 여기서 형성된 고화층은 단열층 역할을 하게 된다. 그러나 이러한 내부가열 방식은 유로의 외벽에 형성된 이 고화층으로 인해 색교환이 빈번한 제품에는 적합하지 않다. 또한 용융부의 수지도 단면상의 위치에 따라 수지의 온도 분포가 일정치 못해 압력 손실이 크게 일어나고, 내부 응력이 발생되어 제품의 변형의 원인이 될 수 있어 대형 제품이나 고속 사출이 요구되는 제품, 박막 제품 등에는 사용하지 않는 것이 바람직하다. 그림 3·49은 내부가열 방식을 사용한 핫러너 시스템이다.

외부가열 방식은 여러 가지 형태의 히터를 매니폴드의 러너 외부에 설치하여 러너 내부의 수지 온도를 지속적으로 유지하는 방법이다. 가열 방법에 따라 다음과 같은 히터가 사용된다. 매니폴드 중앙에 수지 유로를 형성하고 유로의 바깥쪽으로 적당한 간격으로 카트리지 히터를 삽입하여 사용한다. 이 방식은 비교적 간단하게 히터를 삽입할 수 있고 히터의 단선이 발생되었을 때 교환이 용이하다. 그러나 복잡한 형상을 갖는 매니폴드 블록에서는 히터의 배치가 용이하지 않고 대형 매니폴드 블록의 경우 삽입할 수 있는 길이에 한계가 있어 길이 방향으로 히터를 배치하지 못하고 상하로 히터를 배치하여 사용하는 경우도 있으나, 이러한 경우 배선이 복잡해지고 히터 단선 시 히터의 교환이 용이하지 못한 단점이 있다. 카트리지 히터 사용 시 매니폴드 블록의 히터 삽입 홀과 히터 사이에 간격이 발생하지 않도록 가공공차를 유지하는 것이 중요하다. 홀과 히터 사이의 갭이 발생할 경우 이 부분의 열전달이 현저히 저하되고 이로 인해서 히터 열선에 과부하가 발생되어 쉽게 단선되어 버리는 결과를 초래할 수 있다. 히터와 홀의 갭을 0.1mm 이내로 유지해 주어야 한다.

그림 3·49
내부가열 방식을
사용한 핫러너 시스템

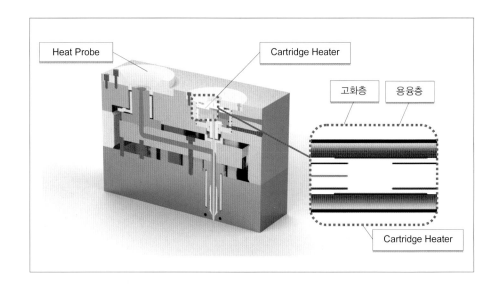

그림 3·49
내부가열 방식을
사용한 핫러너 시스템

3 핫러너 게이트 시스템 (Hot Runner Gate System)

핫러너 시스템에서 사용되는 게이트 시스템은 게이트 실링 방식에 따라 크게 오픈 게이트 시스템, 밸브 게이트 시스템으로 나누어진다. 오픈 게이트 시스템은 별도의 게이트 실링 장치가 없이 캐비티에 오픈된 게이트 시스템이고, 밸브 게이트 시스템은 기계적 장치에 의해 동작하는 밸브 핀이 게이트를 개폐할 수 있도록 노즐 유로의 중앙에 장치된 시스템이다. 그 밖에 오픈 게이트 방식을 개선하여 일렉트리컬 셧−오프 방식이 있는데, 이것은 게이트부에 별도의 팁을 갖는 구조로 이 팁에 가열장치를 설치하여 사출 시 팁을 가열하여 게이트부를 용융시켜 게이트를 열어주고, 사출이 끝나면 팁 가열을 중지하여 게이트부를 고화시켜 제품 취출시 게이트 끊김이 양호해지도록 하는 방식이다. 표 3·16는 오픈 게이트와 밸브 게이트를 비교한 것이다.

오픈 게이트와 밸브 게이트 장단점 [표 3·16]

구분	오픈 게이트	밸브 게이트
게이트 자국	· 깨끗하지 못함.	· 미려함
흐림 현상 (Drooling)	· Drooling 문제 발생 · 휴지후 Drooling된 수지의 제거가 필요 · 상대적으로 노즐의 온도 고온 운전 · 금형 교환 시 문제 소지 상존	· Drooling 현상 없음
사출 압력	· 게이트 온도에 따라 사출 조건 가변 필요	· 게이트 압력 손실 최소 저압 사출 가능 · 캐비티 내 응력 감소로 뒤틀림 및 스트레스 감소

사출 속도	· 게이트 온도에 따라 사출 속도 가변 필요 · 게이트 압력 손실 과다 발생 · 게이트 크기 제한이 사출 속도, 압력, 품질에 영향	· 고속 사출 가능 · 사이클 타임 단축
적용수지	· 수지특성에 따라 효율 가감	· 모든 열가소성 수지에 적용 가능

1. 오픈 게이트 시스템

오픈 게이트 시스템은 별도의 게이트 실링 장치가 없이 캐비티에 오픈된 게이트 시스템이다. 이는 가열 히터와 게이트부의 냉각에 의한 열균형에 의해서 취출 시 절단 상태를 결정한다. 사출 시 유동성이 유지되어 게이트가 열린 상태에 있다가 사출이 끝난 뒤 유동성이 떨어지면 게이트부 냉각에 의한 열균형에 의해서 취출 시 절단 상태 및 게이트 실링 상태가 결정된다. 게이트 직경을 크게 할 수 없고, 일정한 수준 이하의 크기를 넘지 않아야 한다. 그렇지 않으면 오픈된 게이트를 통해서 수지가 새어 나오는 Drooling 현상이 발생될 수 있다. 따라서 고압 사출이 요구되는 제품의 경우 러너 내에 잔류하는 압력으로 인한 수지의 흐름과 이에 따른 게이트 자국 발생 등의 트러블이 발생할 수 있다.

오픈 게이트에서 특히 주의해야 할 사항은 사출 후 수지의 새는 현상을 막기 위해 주로 조절하는 사출성형의 공정인 석백(Suck Back)을 사용하게 되는데, 이는 사출 시 생성되었던 금형 내의 압력을 가능한 한 해제하기 위한 공정이며 이를 제대로 적용할 수 있는 러너의 구성과 배치 설계가 필요하다. 따라서 사출기 노즐에서부터 게이트에 이르는 통로를 압력 손실이 최소한으로 유지되도록 해야 하며, 각각 노즐에서부터 같은 거리에 배치되도록 해야 한다.

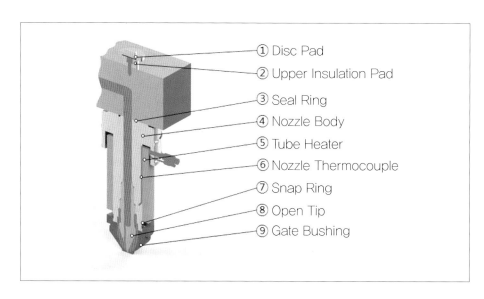

그림 3·50
Open Gate System

① Disc Pad
② Upper Insulation Pad
③ Seal Ring
④ Nozzle Body
⑤ Tube Heater
⑥ Nozzle Thermocouple
⑦ Snap Ring
⑧ Open Tip
⑨ Gate Bushing

2. 오픈 게이트의 종류

오픈 게이트는 그림 3·51에 나타난 것처럼 다양한 게이트 구조를 응용하여 사용할 수 있으며, 각 타입별 특징과 적용 및 효과 사례를 보여주고 있다.

그림 3·51
각 타입별 특징과
적용 및 효과

타입	주요 내용
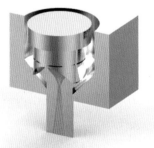 Pin Point 방식	[특징] · 오픈 노즐사용하여 핀포인트 게이트 효과 [적용 및 효과] · 게이트 끊김이 비교적 깨끗 · 게이트부의 수명을 위해서 캐비티 열처리가 필요 · 색교환 곤란. 단, 색교환에는 별도의 인서트를 삽입하여 체류공간을 제거할 수 있음
Pin Point Gate Bushing 방식	[특징] · 정밀 가공된 게이트 부싱을 별도로 삽입한 구조 [적용 및 효과] · 게이트 끊김이 비교적 깨끗 · 게이트 부싱 자국 발생 · 캐비티 전체를 열처리하지 않아도 게이트부 손상 미미 · 게이트 부싱 교환 방식
냉각 Gate Bushing 방식	[특징] · 게이트 부싱 주위에 냉각수 순환 구조 [적용 및 효과] · 고속 사출성형에 적합 · 엔지니어링 플라스틱의 성형조건 개선 가능 · 게이트 부싱 교환이 용이
Spure Type (Tip 삽입형)	[특징] · 스프루 형성는 단순구조 · 게이트 부싱과 노즐이 일체화된 구조 · 노즐과 부싱 사이에 별도의 팁이 삽입되어 있어 게이트까지 열전달 용이 [적용 및 효과] · 적용이 간단 · 스프루 형성이 허용되는 세미-핫용 · 성형 후 후공정 필요 · 분해 조립이 용이 · 금형 가공이 비교적 간단하고 게이트까지 길이가 깊은 제품에 적용이 용이 · 게이트 끊김 상태 비교적 양호 · 열에 민감한 수지 적용이 제한적임 · 색교환 용이하지 않음 (별도의 인서트를 삽입할 경우 색교환 가능)

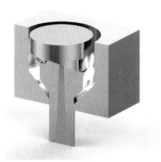

Sprue Type (Open형)

[특징]
· 스프루 형성는 단순 구조
· 게이트 부싱과 노즐이 일체화된 구조
· 노즐과 부싱 사이에 별도의 팁이 삽입되어 있지 않고
  열려 있어 게이트까지의 열 전달이 좋지 않음.
· 스프루부 길이가 팁 인서트 방식에 비해서 길게 형성
  되어야 함.

[적용 및 효과]
· 적용이 간단
· 스프루 길이가 길어짐
· 색교환 용이
· 분해 조립이 용이
· 금형가공이 비교적 간단하고 게이트까지 길이가 깊은
  제품에 적용 용이
· 점도가 높은 수지의 경우 게이트 끊김 상태가 좋지 않
  아 게이트 스트링 현상이 발생될 수 있음

4 밸브 게이트 시스템

밸브 게이트 시스템은 기계적 장치에 의해 동작하는 밸브 핀이 게이트를 개폐할 수 있도록 노즐 유로의 중앙에 장치된 시스템으로 밸브 핀을 작동시키는 방법으로는 스프링과 사출 압력을 이용하는 방법, 별도의 실린더에 캠 기구 등을 이용하는 방법, 금형 내에 실린더를 설치하여 유공압을 이용하는 방법 등이 있다. 현재 주로 실용화되어 있는 대표적인 것은 실린더에 의한 밸브 게이트 시스템이다.

다음 그림 3·52은 국내에서 가장 많이 사용하고 있는 밸브 게이트 시스템의 구조를 나타낸 것이다.

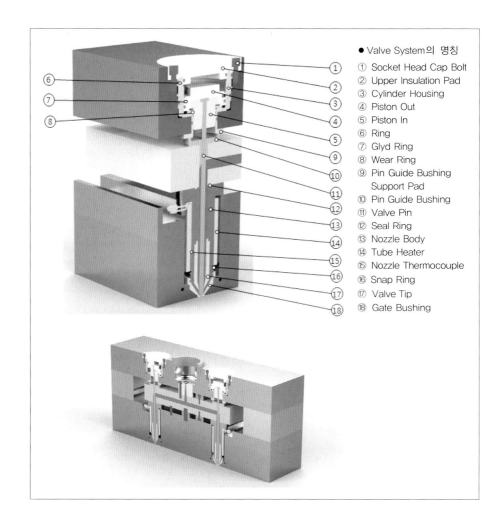

그림 3·52
밸브 시스템의
구조

● Valve System의 명칭

① Socket Head Cap Bolt
② Upper Insulation Pad
③ Cylinder Housing
④ Piston Out
⑤ Piston In
⑥ Ring
⑦ Glyd Ring
⑧ Wear Ring
⑨ Pin Guide Bushing
　　Support Pad
⑩ Pin Guide Bushing
⑪ Valve Pin
⑫ Seal Ring
⑬ Nozzle Body
⑭ Tube Heater
⑮ Nozzle Thermocouple
⑯ Snap Ring
⑰ Valve Tip
⑱ Gate Bushing

1. 밸브 시스템의 특징 및 사용 효과

밸브 핀의 작동은 사출 후 사출 압력이 유지되는 동안 닫을 수 있고 다음 숏 재료 공급을 위해 가소화를 할 수 있으며, 또한 금형이 닫힘과 동시에 게이트를 열어 사출압을 캐비티로 전달할 수 있다. 사출제품의 수량, 형상이 다른 몇 개의 캐비티로 구성되어 있는 경우나, 대형 사출제품이 복수의 게이트로 구성되어 있는 경우, 시퀀스 시스템을 이용하여 밸브 핀의 개폐 시간을 개별 제어함으로써 각 캐비티의 충전량을 조절할 수 있고 웰드 라인 등을 없애거나 원하는 위치로 이동시킬 수 있다. 밸브 게이트 시스템은 게이트를 크게 할 수 있어 저압 성형 및 고속 성형이 가능하며 제품의 끝단까지 성형이 무리 없이 이루어질 수 있다.

게이트가 밸브 핀에 의하여 차단되므로 게이트 실을 완전하게 할 수 있으며, 게이트 흔적이 미려한 제품 표면을 얻을 수 있다. 또한 내부응력이 감소되어 성형 변형률이 적고 제품 품질이 향상되며, 금형의 수명도 연장된다.

2. 실린더 구조

일반적으로 밸브 시스템의 실린더는 금형의 고정측 고정판에 설치된다. 다음 그림 3·53은 밸브 시스템의 실린더 구조를 나타내고 있다. 사출신호를 받으면(사출이 시작되면) 그림의 하방향 회로로 작동매체가 유입되고 피스톤이 상승되면서 피스톤에 설치되어 있는 밸브 핀이 열리게 되면서 사출이 시작된다. 사출 공정이 끝나면 그림에서 상방향 회로로 작동매체(유압 또는 공압)가 들어가면 피스톤은 하강하고, 피스톤에 설치된 밸브 핀이 금형의 게이트를 닫아주게 되면서 완벽한 게이트 실링을 하게 된다.

밸브 시스템의 작동매체의 누설을 막기 위해 각종 O 링이 설치되어야 한다. 이러한 O 링은 정확한 핀 작동과 마찰로 인한 마모 등에 대처하기 위해 내열 재질로 이루어진 Wear Ring, Glyd Ring, Viton O Ring 등이 사용된다. 정확한 핀 작동과 마찰로 인한 마모에 대처하기 위하여 Wear Ring, Glyd Ring, Viton O Ring 등의 링이 필요하다.

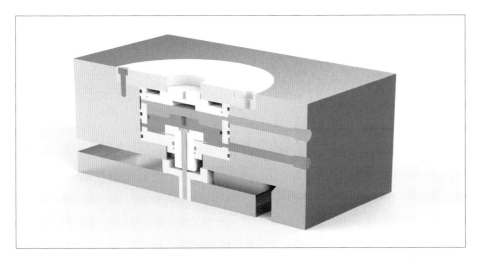

그림 3·53
밸브 시스템의
실린더 구조

3. 밸브 시스템에서 사용되는 작동매체

밸브 시스템에 사용되는 작동매체는 유압이나 공압을 사용할 수 있다. 유압과 공압의 장단점을 비교하면 다음 표 3·17과 같다.

유압과 공압의 장단점[표 3·17]

구분	유압	공압
장점	·상대적으로 고압을 작은 실린더에 적용할 수 있다 ·상대적으로 O 링 수명이 길다	·구조가 간단하다 ·상대적으로 핀 습동 속도가 빠르다 ·운영 관리가 용이하고 적용 투자 비용이 저렴하다 ·O 링 손상 시 주위가 더러워지지 않는다 ·상대적으로 유압 라인 구성이 쉽다

단점	·유압 유닛이 필요하다 ·오일 누유 시 주위가 더러워진다 ·운영 관리가 어렵다 ·오일 탄화로 문제 발생 요소가 많다 ·핀 습동 속도가 느리다 ·유압 라인 구성이 어렵다	·큰 실린더가 필요하다 ·O 링 수명이 짧다

유압 시스템은 비교적 큰 힘을 낼 수 있어 핀의 작동이 원활하고 게이트 끊김 상태가 양호하지만, 금형의 게이트부 손상이 발생하기 쉽고 일정 수준 이하의 압력을 유지할 수 있도록(일반적으로 30Bar 이하) 별도의 유압 공급장치를 설치하거나, 일정 수준 이상의 압력이 작동될 경우 작동 유체를 By-pass할 수 있는 안전 밸브 등을 장치해야 한다.

이에 비해서 공압 실린더는 비교적 적은 압력으로도 반응 속도가 빠르고 설치하기가 간단해서 최근에는 거의 유압 시스템을 사용하지 않고 공압 시스템을 사용하고 있다. 적은 압력으로 큰 힘을 내게 하기 위해서는 비교적 큰 실린더를 설치해야 한다.

4. 밸브 게이트 시퀀스 시스템

다수 캐비티이면서도 사출량과 형상이 다르거나, 큰 성형 제품을 다수 게이트로 성형할 경우 부분적인 미성형과 웰드 라인이 발생하는 경우가 있다. 이러한 문제점을 개선하기 위해 타이머, 솔레노이드 밸브, 에어를 이용하여 선택적인 게이트를 사용하거나, 게이트의 개폐 시간을 조정하여 성형 효율을 도모한다. 시퀀스 시스템을 사용할 때의 효과는 다음과 같다.

(1) 웰드 라인을 없애거나 이동

사출제품의 전면이나 취약부위에 웰드 라인이 발생하였을 때, 이를 없애거나 이동시켜 사출품의 품질을 개선한다.

(2) 게이트별 사출량 조절

게이트별 사출량을 조절하여 플래시 발생이나 미성형을 개선한다.

(3) 형체력의 감소

게이트를 동시에 전체를 열지 않으므로 최소의 형체력으로 사출한다.

(4) 플로마크 감소

게이트별 사출률을 높여 플로마크를 최소화한다.

시퀀스 시스템은 시퀀스 타이머 컨트롤러의 파워 인풋 커넥터에 전원을 연결하고 성형기에서 사출 신호를 받을 수 있도록 인젝션 시그널 인풋 커넥터를 연결한다. 그리고 제어된 신호를 금형의 솔레노이드에 전달하여 게이트 개폐 시간을 조정할 수 있도록 타이머 케이블을 연결한다. 그리고 시퀀스 타이머 컨트롤러 전면의 제어 버튼을 이용하여 제어 모드를 설정하고, 각 게이트별 사출 지연 시간과 게이트 오픈 시간 등을 조정하여 제어하도록 되어 있다. 어느덧 기술의 진보로 인하여 사출기에서 활용하여 제어하는 것은 일상화되어 가고 있다. 상대적으로 핫너러의 매니폴드와 밸브 게이트 시스템은 고가이기 때문에 금형 제조 원가에 미치는 영향이 크고, 이를 적용할 시 고품질 제품 생산을 담보할 수밖에 없다. 그렇기 때문에 기술의 구현과 적용에 남다른 관심을 쏟고 관리할 수밖에 없어 사출 성형 현장에서 잘 적용하고 있는 것이다. 여기서는 사출성형기에 장착된 핫러너와 밸브 게이트의 유동 패턴을 전산모사로 구현하고, 논 시퀀스 컨트롤과 시퀀스 컨트롤의 차이점을 분석하여 사출성형의 이해를 높이고자 한다.

5. 사출성형조건

(1) Analysis Data

구분	내용	모델
Model	Tank Radiator housing	
Number of Parts	2ea	
Weight of parts	422.01g	
Finite Element	ca. 768,178(3D mesh)	
Layers	12	
Runner type	Hot runner	
Gate type	Valve gate	
Material	PA66 Zytel 70G33L	

(2) Process Condition

구분	1차 조건
Mold surface temperature	95
Melt temperature	300
Filling control	Automatic
V/P	99%
Packing pressure vs time	80%, 0~5sec

Cooling time	30sec
Hot runner Dia.	12mm
Annual Dia. (left, center, right)	16mm/12mm
Valve gate Dia.	6mm
Valve gate time	open
Valve gate open/close time(center)	1.0 / 3.0
Valve gate open/close time(L/R)	Flow front, delay time 0.0

6. 시퀀스 컨트롤

다음의 사출제품은 나일론66로 결정성 수지로 만드는 탱크 라디에이터 하우징 제품이다. 본 제품 생산을 위하여 핫러너 적용 시 시퀀스 없는 제어와 시퀀스 제어가 있는 유동 패턴에 대하여 살펴보고자 한다. 여기서는 해석의 최적화를 수행하기 보다는 유동 패턴에 주안점을 두고 작성하였다.

그림 3·54
Filling pattern –
Weld line Active

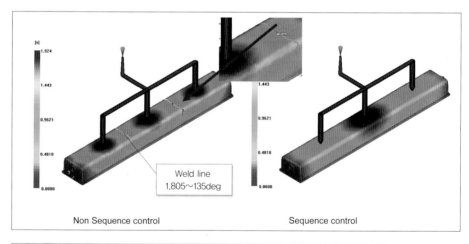

Non Sequence control　　　　Sequence control

그림 3·55
Semi–Filling pattern
– Weld line Active

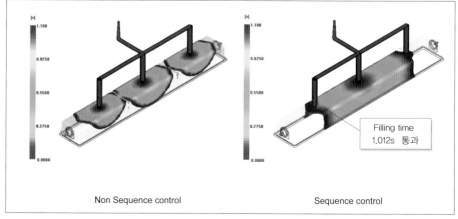

Non Sequence control　　　　Sequence control

그림 3·56
사출 압력 변화

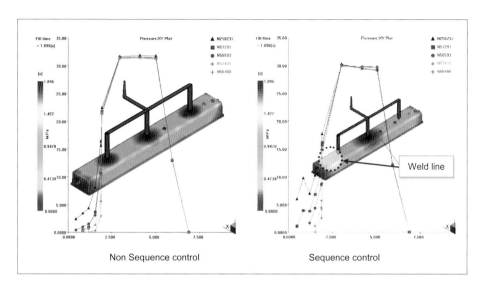

본 제품의 살두께는 약 2mm이며, 좌우 샤프트 부위의 두께는 2배 정도 큰 두꺼운 제품이다. 제품의 품질특성은 외관 표면상에 웰드 라인이 나타나면 안되는 것이다. 콜드 게이트를 사용하든 핫 게이트를 사용하든 제품 외관에 웰드 라인이 발생하면 불량이다. 현재 상태에서 시퀀스 제어를 하지 않을 경우 웰드 라인의 크기는 1.805deg로 선명하게 나타나는 수준이다. 이럴 때 제품특성은 외관 불량은 물론 크랙이 발생할 수 있는 첫번째 트러블 요인을 안고 있는 것이다. 그림 3·54는 시퀀스 제어를 통하여 얻은 유동 패턴과 핫러너를 사용하되 시퀀스를 제어하지 않은 유동 패턴을 보여주고 있다. 그림 3·55는 부분적인 유동 패턴을 보여주고 있으며, 시퀀스 제어를 이용할 경우 중앙에서 유입된 수지가 좌우 게이트 부위를 통과할 때 약 1.04s의 지연 시간이 있음을 알 수 있다. 지연 시간은 다양하게 변경하여 용융수지의 유동 패턴을 다스릴 수가 있다. 시퀀스를 제어할 때 주의할 점은 수지가 2차 게이트를 지나가기 전에 열리게 하면 안된다. 만약 2차 게이트를 지나가기 전에 열리게 되면 수지의 순간 정체 현상으로 플로마크 발생할 우려가 매우 높다. 이런 현상은 그림 3·56에서 일부분 확인할 수 있으며, 압력 차이로 급격히 튀는 현상을 줄일 경우 뛰어난 표면을 얻을 수 있다. 시퀀스 제어를 통하여 성형 효율을 높이는 것은 당연한 것이다. 아울러, 제품의 변형 부분도 급격히 개선할 수 있는 장점이 있다.

전산모사를 통하여 얻은 결과 값은 표 3·18과 같다. Filling control은 Automatic으로 한 값이다. 1.896s에 성형을 완료할 수 있으며 Packing이 작용하는 시간은 논 시퀀스에서는 3.1s 만큼 균일하게 작용하도록 되어 있다. 시퀀스에서는 중앙의 게이트와 좌우 게이트의 오픈 타임을 다르게 주었다. 해석할 때 입력 변수를 적용할 때 타임으로 할 것인지 아니면 플로 타임으로 할 것인지를 결정하면 된다.

해석 과정에서 최적화를 실현할 경우 얻을 수 있는 이점은 핫러너를 적용할 시 적합한 시스템을 찾아낼수 있는 장점이 있다. 그것은 곧 금형 제조 원가를 절약하고 그 만큼 부가가치를 창출할 수 있는 기회가 생기게 된다. 따라서 핫러너를 도입할 경우에도 최적화는 필수적인 과정이 될 것이다.

시퀀스 컨트롤 결과 값 [표 3·18]

구분		Non Sequence control	Sequence control
Filling	Filling control(s)	1,896	1,896
	Pressure (Mpa)	40.81	39.16
	Temperature(deg)	295.7~305.2	299.4~311.5
	Packing pressure vs time(%/s)	80/3.1	Center 80/1.1, L/R 80/3.1
	Cooling time(s)	30	30
	Shear rate(1/s)	9,993	7.55
	Shrinkage (%)	14.36	14.20
	Weld line(개수)	4	2
	Start Filling time(center)	0.0	0.0
	Start Filling time(L1,R1)	0.0	1.012
Warpage	X Direction(mm)	1.189	1.289
	Y Direction(mm)	1.712	1.444
	Z Direction(mm)	2.770	2.567

5 싱글 밸브 게이트 시스템

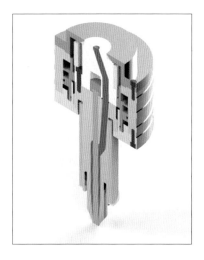

그림 3·57
싱글 밸브 시스템
구조

싱글 노즐인 경우 밸브 시스템을 채용하는 데 어려움이 있다. 일반적으로 밸브를 작동시킬 수 있는 기구인 실린더가 매니폴드 상단의 고정측 고정판에 설치되는 것이 상례이므로 이 위치에 성형기 노즐이 접촉되어야 하는 싱글 노즐에서는 밸브 게이트 시스템을 채용하는 데 어려움이 있었다.

그러나 최근에는 그림 3·57와 같이 이러한 것을 극복한 좋은 제품이 다양하게 나오고 있으며, 싱글 노즐에서 밸브 시스템을 적용하는 불편함이 없도록 개발되어 있다.

1. 서머커플

핫러너 시스템에서 시스템의 각 제어 존(Control Zone)별로 온도 감지장치를 설치하게 되는데, 핫러너 시스템에서 사용되는 온도 감지장치는 서머커플이 사용된다. 서머커플은 두 개의 다른 물질이 접합되어 있는 곳에 열을 가하면 온도에 따라 일정한 기전압이 발생되는데 이를 측정하여 현재의 온도를 환산할 수 있도록 한 감지장치이다. 핫러너 시스템에서 사용되는 서머커플에는 사용되는 재질에 따라 K 타입(CA 타입), I 타입(IC 타입)이 있고, 형태에 따라 카트리지 타입, 버튼 타입 등이 있다. 카트리지 타입은 그림 3·58과 같이 주로 노즐이나 노즐 로케이터(Nozzle Locator)의 온도를 감지하는 데 사용하고, 버튼 타입은 매니폴드 블록 표면에 설치하여 온도를 감지하는데 주로 사용한다. 그러나 매니폴드 블록에도 카트리지 타입의 서머커플을 사용하는 경우도 많이 있다.

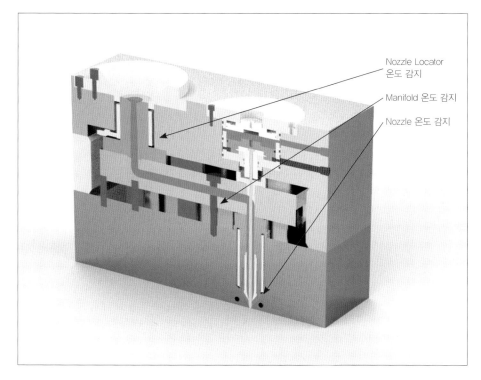

Nozzle Locator
온도 감지

Manifold 온도 감지

Nozzle 온도 감지

그림 3·58
핫러너 시스템에서
온도 감지 위치

표 3·19은 IC 타입과 CA 타입의 차이를 나타낸 것이다. IC 타입과 CA 타입은 온도에 따라 발생되는 기전압에 차이가 있어 TC 타입을 바꿀 경우 실제 온도와 상당한 차이를 나타낸다. 따라서 금형에 핫러너 시스템을 적용할 때는 사용 고객의 TC 타입을 반드시 확인하여 동일한 TC가 적용되도록 해야 한다.

표 3·20은 온도별로 측정되는 기전압을 비교하여 표시한 것이다. 표에서 보는 바와 같이 성형 온도에 따라 50~70℃ 정도의 측정 온도 차이가 발생됨을 확인할 수 있다.

Thermocouple Type별 비교 [표 3·19]

T/C Type	구분	+ 측	− 측	Sleeve Color
J (IC)	피복 색깔	적색 사선	황색 사선	황색
	재료	Iron	Constantan	
	자성	자성	비자성	
K (CA)	피복 색깔	적색 사선	청색 사선	청색
	재료	Chromel	Alumel	
		비자성	자성(비자성)	

Sleeve Color나 피복의 색깔은 나라에 따라 또는 제작사에 따라 차이가 있을 수 있으므로 해당 핫러너 시스템 제작사의 확인이 필요하다.

T/C 타입에 따른 기전압 비교 [표 3·20]

IC(J)일 때의 온도 (℃)	기전압 (mV)	CA(K)일 때의 온도 (℃)
150	8.010	197
200	10.779	266
250	13.355	327
300	16.327	398
116	6.138	150
152	8.138	200
189	10.153	250
227	12.209	300

6 핫러너 시스템 치수

핫러너 시스템의 치수 검사는 금형과 밀접한 관계가 있으므로 치수를 측정하여 금형 조립 시 중요한 데이터로 사용되므로 정확하게 측정하여야 한다.

2. 매니폴드의 치수

그림 3·59는 매니폴드의 두께 및 라이저 패드(Riser Pad)의 두께이다. 매니폴드 두께공차는 최소한 +0.05~0을 유지해야 하며, 라이저 패드의 두께는 매니폴드 상측에 단열공간을 형성하는 두께가 되는 치수로 라이저 패드를 조립한 상태에서 공차가 −0.02~+0.02를 유지해야 한다. 그러나 이러한 공차 적용은 제작사에 따라 핫러너 시

스템의 구조에 따라 차이가 있을 수 있으므로 사전에 확인해 두어야 한다.

게이트의 위치는 다월 핀 (Dowel Pin) 센터에서 각 게이트 센터까지의 거리를 확인한다. 매니폴드 게이트 거리는 열 팽창량이 감안되어 있는 치수이므로 금형 도면의 게이트 거리와는 차이가 있다. 열 팽창량 계산은 아래 공식을 적용하여 설계 제작된다.

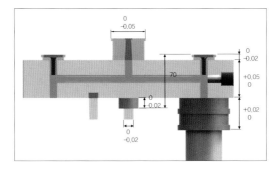

그림 3·59
매니폴드의 치수

열 팽창량 공식

$\triangle L = (1.23 * 10^{-5}) * L * \triangle T$ $\triangle T = (To - Tm)$ $\triangle L = $열팽창량 $(1.23 * 10^{-5}) = $열팽창 계수

$To = $매니폴드 온도 $Tm = $금형 온도 $L = $매니폴드 센터에서 게이트까지의 거리

Ex) $L = 127mm$

$To = 280℃$

$Tm = 60℃$

$\triangle T = (280 - 60) = 220℃$

$\triangle L = (1.23 * 10^{-5}) * 127 * 220 = 0.34366mm$

매니폴드 센터에서 게이트까지의 거리는 126.6563mm임

길이에 따른 열 팽창량은 그림 3·60 그래프와 같다.

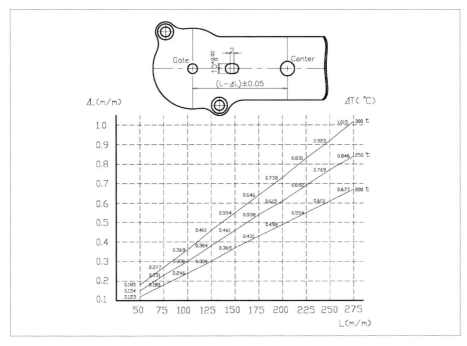

그림 3·60
매니폴드에서의
열 팽창량

3. 노즐의 치수

노즐은 매니폴드와 동일하게 열 팽창량을 적용하여 확인한다. 노즐 ∅D, ∅D1 부분과 30mm부분의 치수를 확인한다. 노즐 L1의 치수를 확인한다. L1의 치수는 열 팽창량을 감안하여 짧게 가공되어 있다. 도면상의 정 치수는 열팽창 후의 치수이므로 제품은 열 팽창량만큼 짧다. (열 팽창량의 적용부품은 공급 업체에 따라 차이가 있을 수 있다. 열 팽창량만큼 노즐을 짧게 제작하여 납품하는 업체와 열 팽창량을 금형업체에서 계산하여 적용하는 경우와 노즐에 적용하여 제공되는 경우도 있다.)

그림 3·61
노즐의 치수

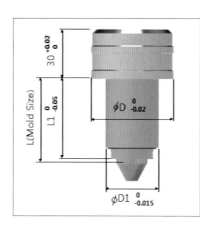

공식

$$\Delta L = (1.08*10^{-5})*L*\Delta T,$$
$$\Delta T = (Tn-Tm),$$
$$\Delta L = 열팽창량$$
$$(1.08*10^{-5}) = 열팽창 계수$$
$Tn = Nozzle$ 온도
$Tm = Mold$ 온도
$L = Nozzle$ Touch부의 Mold Size

핫러너를 끝으로 3차원 사출 금형설계의 유동 시스템에 대한 글을 마치게 되었다. 이 글은 가능한 한 설계현장에서 겪고 있는 실질적인 문제점을 짚어보며 설계자와 제품 성형기술자들에게 도움이 될 수 있기를 기대하며 준비하였으나, 부족한 부분이 많았던 것이 사실이다.

해석기술의 최적화에 대하여 더 깊은 내용을 다루고 싶었으나 경험이 일천하고 기업 기술 부분을 공개하는 것도 한계가 있어 많은 부분을 다루지 못한 점을 아쉽게 생각한다. 앞으로 더 보완하여 사례 중심의 해석 최적 기술과 냉각기술 정보를 잘 정립하여 실무자 여러분들과 공유할 수 있기를 기대한다.

PART IV

금형설계

금형설계는 금형의 가공 제작에서 사출제품 사출에 이르는 전체 공정 중 초기 단계 공정에 해당하는 역할을 수행하고 있다. 초기 설계 공정에서 계획과 설계가 잘못 이루어지게 되면, 가공과 생산의 공정에서 불량이 발생되며 이로 인한 비용 손실을 피할 수 없게 된다. 이를 방지하기 위하여 신뢰성이 확보된 검증된 설계를 한다는 것은 상당히 중요하다. 그러나 현실적으로 많은 설계자들이 그 중요성은 알지만, 설계 프로세스나 설계 검증 방법 등이 체계화되어 있지 않아 경험에 의한 설계를 하고 있다. 설계 근거를 문서로 남기는 것 역시 익숙하지 않다. 최적의 금형설계를 하기 위해서는 프로세스에 맞추어 진행할 수 있는 설계 수행 방법이 필요하고, 이 수행 방법에 의해 금형설계가 검토되고 이루어지게 된다면 상당한 효과를 볼 수 있을 것이다.

1. 금형 사양서 작성 단계

금형설계를 위한 프로세스에서 금형 사양서의 작성과 검토는 설계에 앞서 고객의 요구를 검토하여 금형설계 및 제작과 생산에 이르기까지 무리 없이 진행되도록 하고자 하는 부분이므로 이것이 바로 고객이 원하는 품질을 맞추기 위한 분석(Identify)이라고 볼 수 있다. 금형 사양서 작성 시 금형설계 및 제작에 필요한 요소를 정리하고, 제품 성형 및 생산에 필요한 조건 등을 명시하여 고객의 요구와 우리의 작업 방식을 확실히 하고, 전체 설계의 컨셉을 명확히 하는 단계이다.

2. 상세 설계단계

금형설계는 일반적으로 상위 설계에 해당하는 조립도를 우선 설계하며, 이 때 금형의 구조를 보다 구체화한다. 즉, 사양서에서 명시한 내용들을 구체적으로 조립도에 반영하는 것이다. 조립도 설계가 완료되면 상세 설계에 들어간다. 금형설계의 핵심이 되는 코어 설계에서부터 유동부, 언더컷, 냉각, 이젝팅 등의 부분을 상세 설계한다. 이러한 과정에서 나오는 부품들에 대하여는 가공을 위한 소재 또는 표준품 구매를 위한 발주 파트 리스트를 작성하게 된다. 또한, 상세 설계 중에는 DIDOV의 설계단계에서 중요하게 다루고 있는 핵심 인자, 즉 위험 불량 요소나 중요 체크 요소 들을 파악해야 한다. 예를 들어 조립상의 문제가 되는 부분이나, 작동상에 주의를 해야 하는 부분 등이 해당이 된다.

3. 설계 최적화를 위한 검사단계

최적화의 단계는 설계가 끝난 뒤에 설계 데이터를 확인 및 체크하여 최적화 작업을 하는 단계로 본다. 설계 체크 리스트를 이용하여 핵심 인자에 대한 부분은 다시 한번 체크하는 것이다. 이러한 과정에서 반드시 놓친 설계 항목이나 사양과는 다르게 설계한 항목, 또는 잘못 설계된 부분들이 도출된다. 설계자는 이러한 항목에 대하여 체크 리스트에 개선 방안을 명기하고, 설계 데이터를 수정하게 된다. 이렇게 하여 금형설계 데이터는 최적화된다.

01 금형설계 사양서 작성

금형 제작 사양서는 금형설계와 제작, 생산에 필요한 관련 사항과 규격 등을 고객의 요구 사항에 맞도록 체크하고 작성하여 이를 토대로 설계, 제작, 생산하겠다는 내용의 사전 체크 리스트 성격의 작업 기준서이다. 이러한 금형설계 제작 사양서는 크게 제품 사양 부분, 금형 구조에 대한 사양 부분과 사출성형기에 관련된 사양 부분으로 나누어 필요 사항을 작성하며, 각각의 부분은 다시 세부 항목들로 이루어져 관련 규격을 표기하도록 되어 있다.

금형설계 사양서 [표 4·1]

구 분	항 목		내 용			비 고
제품	품명					
	품번					
	도면 데이터		2D		3D	
	제품 크기 (mm)		가로	세로	높이	
	중량 (g)					
	성형 재료	종류	종류		Grade	
		수축률 (%)				
	후가공					
금형	캐비티수					
	취출 방법	제품	자동	로봇	수동	
		러너	자동	로봇	수동	
	금형	구조	2단	3단	기타	
		사이즈 (mm)	가로	세로	높이	
		중량 (kg)				
	러너	형식	원형	사다리꼴	반원	
		사이즈	개수		사이즈	
	게이트	형식	사이드	터널	핀포인트	
		사이즈	개수		사이즈	
	언더컷	슬라이드	유	무	개수	
		리프터	유	무	개수	
	금형 재질	캐비티	개수		재질	
		코어	개수		재질	

금형 재질	슬라이드	개수		재질	
	원판	개수		재질	
냉각	형식	온수	오일	히터	
	사이즈				
특수 가공 유무		열처리	부식	도금	
성형	성형기	분류	소형	중형	대형
		사이즈 (ton)			
		메이커			
	형체 장치	형체력 (ton)			
		타이바간격 (mm)			
	금형 관련	최소 두께 (mm)			
		최대 거리 (mm)			
		이젝터 로드	직경	개수	
	노즐 장치	로케이트링	직경		
		스프루	반지름		

1 제품(사출제품) 사양

1. 제품(사출제품) 사양

제품(사출제품)에 관한 정보를 확인 및 체크하여 금형설계나 제작 시에 기준으로 삼아 작업을 진행하게 된다. 금형설계를 위하여 제품 도면의 접수 여부를 확인하고, 제품의 사이즈와 중량 등을 체크함으로써 설계자가 제품에 대한 기본 사항을 파악하고 있어야 함은 물론, 제품 생산 후 후가공 작업이 있을 경우에는 금형설계 시에 주의하여 반영해야 할 부분을 미리 파악하여 반영하고, 성형 재료에 따른 수축률을 금형설계에 적용하게 된다.

그림 4·1

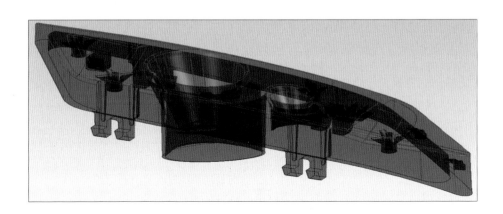

2. 성형 재료

플라스틱은 긴 분자의 화합물인 폴리머로 구성된 고분자 화합물로 이루어져 있으며, 플라스틱 합성수지는 석탄, 석유, 천연가스 등의 원료를 인공적으로 합성시켜 얻어진 고분자 화합물을 의미한다. 이러한 플라스틱은 열적 특성에 따라 크게 열가소성 플라스틱과 열경화성 플라스틱으로 나누어지며, 분자의 배열 상태에 따라 결정성과 비결정성 플라스틱으로 나누어진다.

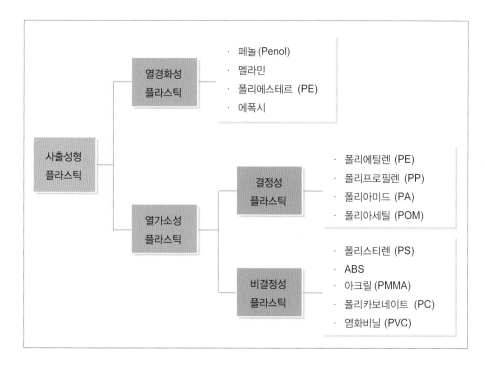

그림 4·2
플라스틱 수지의
분류③

(1) 열가소성 플라스틱

열가소성 플라스틱은 비교적 가볍고 유연하며 내 충격성이 큰 특징이 있다. 분자들간에 결합되지 않으므로 가열과 경화를 반복할 수 있는 수지이다. 가열하면 유연해지는 성질을 갖게 되며, 냉각하면 원래의 고체 상태로 돌아가는 것으로 화학적 반응이 일어나지 않으므로 다시 재용융시켜 사용할 수 있다. 열가소성 플라스틱은 결정성과 비결정성의 두 가지로 나눈다.

• **결정성 플라스틱** : 분자의 규칙적인 배열로 이루어지며 분자간 결합력이 강하고, 특정 용융 또는 고화 온도를 가지고 있다. 결성 수지는 수지의 흐름 방향에 따라 분자 배향성이 크고, 이에 따라 성형 시 흐름 방향과 직각 방향에 대한 수축률의 차이가 커서 휨, 뒤틀림 등의 변형이 발생하기 쉽다. 결정성 플라스틱에는 폴리에틸렌, 나일론, 폴리아세탈 등이 있다.

• **비결정성 플라스틱** : 분자의 배열되는 경향이 비교적 작은 플라스틱을 말한다. 특정 용융 온도를 갖지 않으며, 온도가 높을수록 유동성이 좋아지고 온도가 낮을수록 유동성이 작아지게 된다. 결정성 플라스틱에 비해 흐름 방향과 직각 방향의 수축률의 차이가 적어 치수 안정성이 좋다. 대표적인 비결정성 플라스틱으로는 염화비닐, 폴리스티렌, ABS, 아크릴 등이 있다.

(2) 열경화성 플라스틱

열을 가하면 화학적 반응이 일어나 경화되는 플라스틱으로 경화되면 재가열하여도 녹거나 연화하지 않는 플라스틱이다. 비교적 단단하며, 요리 기구 손잡이 등 고온에서 강성이 필요한 제품에 많이 사용한다. 내열성, 내용제성, 내약품성, 기계적 성질과 전기 절연성이 좋다.

(3) 엔지니어링 플라스틱

플라스틱 중에서도 정밀한 기능과 특성을 요구하는 제품에 사용되는 플라스틱으로서, 엔지니어링 플라스틱에 기본적으로 요구되는 물성은 다양한 온도 범위에서 유지되는 강도, 외부 환경의 영향에 따른 내구성, 절연성과 같은 전기적 특성 및 난연성, 가공성, 정밀 치수 안정성 등이다. 이러한 엔지니어링 플라스틱의 종류에는 나일론, 폴리아세탈, 폴리에테르술폰, 폴리페니렌술피드 등이 있다.

결정성 플라스틱의 종류와 성형 특징[표 4·2]

NO	종류	특징
1	폴리에틸렌 (PE)	1) 흐름이 좋고, 성형성이 양호하나 냉각 시간이 길다. 2) 수축이 크므로 왜곡, 변형이 일어나기 쉽다. 3) 냉각 시간이 길다. 4) 언더컷 부위의 강제 취출이 가능하다.
2	폴리프로필렌 (PP)	1) 성형성이 매우 좋다. 2) 변형, 왜곡, 수축 등 불량이 쉽게 발생한다. 3) 힌지 특성이 뛰어나다.
3	폴리아미드 (PA)	1) 흐름이 매우 좋아 플래시 발생이 쉽다. 2) 용융 점도가 낮아 수축률의 안정성이 나쁘다. 3) 경화되면 금형이나 성형기 스크류가 파손될 수 있다.
4	폴리아세탈 (POM)	1) 흐름이 나쁘고, 열분해가 쉽다. 2) 플로마크 발생이 쉽다. 3) 수축 변형이 쉽게 일어난다.
5	불소수지	1) 용융 점도가 극히 높다. 2) 고압 성형을 요한다. 3) 가스 발생으로 금형이 부식된다.

비결정성 플라스틱 종류와 성형 특징[표 4·3]

NO	종류	특징
1	아크릴로니트릴 스티렌 (AS)	1) 흐름이 좋고 성형성이 양호하며, 성형 능률도 좋다. 2) 크랙 발생이 쉽다. 3) 투명하며 내약품성이 개선되고 내열성도 높아 구조용품에 적합하다.
2	아크릴로니트릴 부다디엔스티렌 (ABS)	1) 흐름이 좋지 않아 성형성과 성형 능률 저하된다. 2) 사출제품의 성능이 불안정하다. 3) 표면에 웰드가 생기기 쉽다.
3	아크릴 (PMMA)	1) 흐름이 좋지 않아 성형성과 성형 능률 저하된다. 2) 충진 불량, 플로마크, 수축 발생이 쉽다. 3) 투명도가 양호하다.
4	폴리카보네이트 (PC)	1) 용해 정도가 높으므로 고압 고온 성형이 필요하다. 2) 잔류응력 발생하여 크랙 발생이 쉽다. 3) 단단하여 금형이 파손될 수 있다. 4) 플래시 발생이 쉽다. 5) 플로마크, 제팅 현상 발생이 쉽다.
5	염화비닐 (PVC)	1) 열안정성이 나쁘다. 2) 흐름이 좋지 않다. 3) 외관이 나빠지기 쉽다. 4) 가스 발생으로 금형을 부식시킨다.
6	셀룰로오즈 아세테이트	1) 흐름이 좋고, 성형성도 좋다. 2) 외관의 촉감이 좋다. 3) 치수를 정확히 내기 어렵다.

(4) 플라스틱 수지의 성형 수축

플라스틱 수지는 성형 시에 온도나 그 외 조건에 따라 팽창과 수축을 하게 된다. 수축되는 양이나 범위는 제품의 형태나 수지의 종류와 그 첨가물, 또는 성형조건, 생산 시의 외부 환경 등 여러 가지 복합적인 부분에 영향을 받게 된다. 그래서 사출 금형에서 정확한 양을 예측하여 설계나 생산조건에 반영한다는 것은 상당히 어려운 부분이다. 금형설계 시에는 제품의 두께나 형태 등을 고려하여 사용되는 원재료의 수축률을 적용하여야 한다.

• 성형 수축 발생 원인

성형 수축의 여러 가지 발생 원인 중에서 수지 고유의 열팽창에 의해 나타나는 수축은 가장 기본적인 것으로서, 플라스틱은 온도에 따라 체적이 변화하게 되며 이때 온도 차에 의해 수축이 일어나게 된다. 특히, 제품을 고화시키기 위해서 금형의 온도를 낮게 되면 일어나는 수축이 열에 의한 것이라고 할 수 있다. 경화 및 결정화에 의한 수축 현상이 있는데, 이는 성형 과정 이후에 플라스틱 분자 간의 결합이나 결정화가 진행되면서 발생되는 수축을 말한다. 그 외에 성형이 완료되면 높은 성형 압력으로부터 벗어나게 되고, 그 때의 플라스틱 사출제품은 탄성 회복이 일어나 체적이 팽창하게 되는 현상이 발생하기도 한다.

• 성형 수축에 영향을 미치는 요인

플라스틱 성형 재료 자체가 가지고 있는 수축 특성을 제외하고, 성형 수축에 영향을 미치는 관련 요인들은 크게 금형 구조 부분과 성형조건 및 성형 공정에 관련된 부분으로 나누어 살펴볼 수 있다.

• 금형조건

사출제품의 두께, 게이트의 단면적이나 개수 및 냉각의 효율적인 배치 등이 성형 시에 제품의 수축에 영향을 미치는 요인이 된다. 그러므로 설계자는 성형 해석 등을 통하여 성형조건과 성형 상태를 예측하고, 게이트나 냉각 등 설계에서 제작으로 이어지는 부분에 대하여 최적 설계가 이루어질 수 있도록 해야 한다.

• 성형 공정조건

사출성형 작업 시에 재료나 공정에 대한 설정조건 등은 사출제품의 수축에 크게 영향을 미치고 있는 요인이다. 사출 작업자는 한가지의 조건으로 성형을 하는 것이 아니라, 치수나 제품 외관 등을 확인하면서 여러 가지로 성형조건을 다르게 설정하여 성형 작업을 해본 후에 최적의 성형 조건을 맞추어야 한다. 그러나 일시적으로 제품을 성형하기 위하여 특이한 조건을 설정하는 것은 바람직하지 않다. 나중에 사출제품의 양산을 고려하여 일반적 환경에서도 사출제품이 잘 나올 수 있는 조건을 찾는 것이 좋다. 이러한 성형조건에는 수지의 유동 시간, 수지의 용융 온도, 금형 온도, 사출 압력 및 체적, 보압 시간, 1회 사출량 및 사출 속도, 냉각 시간 등이 있다.

플라스틱 재료의 성형 수축률 [표 4·4]

구분	수지명	충전재	선팽창계수 $(10^{-5}/℃)$	성형수축률 (%)	열변형온도 (℃)
결정성 수지	PE	고밀도	10.0~13.0	2.0~5.0	60~82
		중밀도	14.0~16.0	1.5~5.0	49~74
		저밀도	10.0~20.0	1.5~5.0	38~49
	PP	일반	5.8~10.0	1.0~2.5	96~110
		GF	2.9~5.0	0.4~0.8	
	PA	나일론 6	8.3	0.6~1.4	149~185
		나일론 66	8.0	1.5	182~184
	POM	일반	8.1	2.0~2.5	
	ACETAL	일반	8.1~8.3	2.5~3.0	

비결정성 수지					
	PS	일반	6.0~8.0	0.2~0.6	96.1
		내충격용	3.4~21.0	0.2~0.6	96.1
		GF20~30	3.0~4.5	0.1~0.2	103
	AS	일반	6.0~8.0	0.2~0.7	
	ABS	GF20~30	2.7~3.8	0.1~0.2	
		일반	6.0~13.0	0.3~0.8	88~113
	PMMA	메타그릴	5.0~9.0	0.2~0.8	49~96
	PC	일반	6.6	0.5~0.7	141
		GF10~40	1.7~4.0	0.1~0.3	
	PVC	경질	5.0~18.5	0.1~0.5	82
		연질	7.0~25.0	1.0~5.0	

2 금형 사양

금형 사양서 부분은 설계 사양서와 같다고 생각해도 무방하다. 금형의 구조와 러너, 게이트 방식 등 설계 레이아웃 등에 관한 규격은 금형설계 단계에서 결정하는 것이 대부분이기 때문이다.

코어의 재질 선정 역시 대부분의 업체에서 특수한 경우를 제외하고는 정해진 사용 재질이 있으므로 그것을 기준으로 코어 재질을 선정하게 된다.

금형 사양에서 정해진 규격들은 영업에서 금형 견적 산출 시에 매우 중요한 항목을 차지하고 있다. 특히, 캐비티 수나 취출 방법 부분은 설계자가 결정하는 부분보다는 생산까지 고려하여 결정되는 부분이므로 신중히 결정되어야 한다.

1. 캐비티 수

금형의 크기를 결정하고 설계할 때 여러 가지 고려 요인이 있으나, 사출제품을 양산하고자 하는 사출성형기의 크기에 의해 결정되기도 한다. 또한, 이러한 사출성형기의 결정은 사출제품의 캐비티 수에 따른 형체력, 필요 사출량, 가소화 능력, 클램핑력, 사출기 플레이트의 최대 면적 등에 의해 결정된다.

결국 금형에서 가장 먼저 결정되어야 하는 것은 캐비티 수이며, 이로부터 사출성형기의 선정, 금형의 크기 선정과 코어 등의 설계로 이루어지게 되고, 금형과 사출제품에 관한 영업의 견적이 이루어지게 된다.

또한, 캐비티 수는 충분히 검토하여 품질과 비용 면에서 모두 만족을 얻을 수 있도록 선정되어야 한다.

캐비티 수 결정 시 고려할 사항

(1) 일반적 계산법

주문 수량과 관련된 회사내의 경험적인 근거나 자료 등을 근거로 캐비티 수를 산출한다. 동일 또는 유사한 사출제품의 캐비티 수 결정 시에 주로 많이 사용한다.

(2) 사출제품의 품질 고려

하나의 금형에서는 캐비티 수가 많아질수록 동시에 모든 캐비티의 품질을 동일하게 맞추는 것은 힘들어진다. 금형 제작 시에 모든 캐비티의 가공 품질을 동일하게 하는 것은 무리가 있으며, 치수 등의 오차가 발생하기 마련이다. 또한, 성형 시에도 캐비티들의 위치에 따라 성형 상태는 매우 다르게 된다. 많은 경우에 서로 다른 품질의 캐비티들을 동일하게 하고자 무리하게 가공 수정이나, 성형 조건을 바꾸게 되어 비용과 시간 면에서 손해를 보고, 결국에는 일부 캐비티는 양산을 하지 못하게 되는 상황이 발생되기도 한다. 이러한 사항들을 고려하여 고정밀도 등의 일정 품질이 요구되는 사출제품의 경우에는 캐비티 수를 보다 신중히 결정해야 한다.

(3) 납기 고려

납기일을 근거로 하여 캐비티 수를 산정할 수 있다. 이 방법은 계산식으로 산출할 수 있으며, 납기일까지의 남은 날수에서 금형 제작 완료일까지의 소요 시간 등을 제외하고 남은 날수를 생산 납품해야 하는 수량으로 나누어 하루에 생산해야 하는 수량을 계산한다. 그리고 성형 작업 시간을 성형 시의 사이클 타임으로 나누어 하루에 몇 쇼트를 생산할 수 있는지 계산하고, 하루 생산 수량을 쇼트 수로 나누게 되면 한 쇼트에 생산되어야 하는 캐비티 수가 나오게 된다. 이러한 계산식에 의해 나온 캐비티 수에서 주의하여야 할 점은 예기치 못한 상황 발생으로 생산하는 날수와 생산 수량에 차질이 있을 수 있으므로, 안전 수량을 포함하여 계산식에 의한 캐비티 수보다 많이 결정하는 것이 좋다.

(4) 사출기 사양 고려

사출기 사양에 따라 캐비티를 결정할 수 있다. 이러한 경우는 대부분 양산을 담당하는 사출업체에 이미 사용할 사출성형기의 종류가 갖추어져 있는 상태로, 해당 사출성형기의 형체력과 사출량 등 제품 성형과 관련된 부분을 검토하여 캐비티 수를 결정하게 된다.

2. 취출 방법

사출성형은 매우 작은 것부터 무게 10kg에 이르는 큰 것까지 성형할 수 있으며, 반복해서 사출하여 대량 생산을 할 수 있으므로 작업 능률이 높다. 또한 용융시키면 재생 생산이 가능하기 때문에 우리 주변에서 흔히 볼 수 있는 생활용품 대부분이 이 사출성형 과정을 거쳤다고 해도 과언이 아니다.

이 같은 사출성형 작업에서 빼놓을 수 없는 것이 바로 취출이다. 의미 그대로 '잡아서 뺀다'는 뜻이며, 사출제품과 사출제품 이외의 부분을 빼내는 두 가지 과정에서 필요로 한다.

이 동작은 단순하며 반복적이기 때문에 로봇이 대신했을 경우 생산성을 월등히 높일 수 있어 현재 대부분의 사출성형 현장에서는 사람대신 취출 로봇을 사용하고 있다.

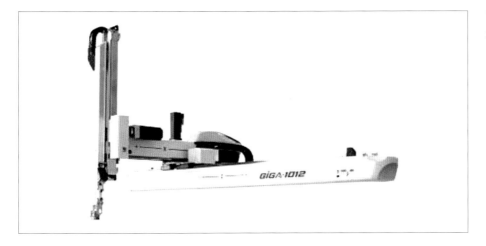

그림 4·3
자동 취출 로봇[7]

취출 로봇 분류

(1) 떨어뜨리기

일반적으로 취출 로봇의 가장 단순한 동작은 제품을 떨어뜨리는 방식으로 많이 사용되고 있다. 간단한 동작으로 떨어뜨린 사출제품을 셧 또는 컨베이어에 잠시 적재하게 되는 것이다.

컨베이어 위에 사출제품이 방향을 맞추어 정렬되면 제품의 하자 유무를 육안으로 확인할 수 있으므로 가능하면 정렬하는 것이 좋지만, 떨어뜨리는 방식에서는 적용하기 힘들다. 떨어뜨리는 방식이 아니라 제품을 들어올려 밖으로 취출하는 방식에서는 직접 컨베이어 위에 제품을 정렬해 놓을 수 있다.

(2) 스프루 집기

스프루 집기 방식에서는 스프루로 사출제품을 취출할 수 있다.

(3) 제품 옆 취출

제품 옆 취출 식으로는 안전 문을 떼어내지 않으면 안되므로 사출성형기의 개조가 필요하다. 그러나 옆 취출식은 이동 거리가 짧고 고속으로 된다는 것 이외에도 장치의 높이가 낮으므로 조정이 쉽다는 이점이 있다.

(4) 특수 분야 및 기타

이제 사출성형 기법은 전동식 사출 시스템의 확대와 고광택 성형, 이색 사출, 라벨 인몰드 시스템 등으로 다양하게 확대되고 있다. 이러한 방향에 맞추어 취출 로봇도 여러 동작이 추구되고 있으며, 일반적인 3축 형태의 취출 로봇에서 다관절 기능을 적용하거나, 특수형 취출 로봇이 개발되고 있다.

3 성형기 사양

금형설계 제작 사양서 작성 및 검토에서 빠질 수 없이 고려해야 하는 부분의 하나가 바로 사출성형기의 선정이다. 양질의 제품을 생산하기 위해서는 제품에 맞는 적절한 사출기를 선택해야 한다. 형체력을 알 수 있는 기계의 크기에서부터 금형설계에 반영해야 하는 항목인 타이바 간격이나 최소 금형 두께는 설계자가 우선 확인하여 금형 사이즈를 결정하는 데 참고하여야 한다. 또한, 성형기의 노즐 직경은 금형의 스프루 부시의 내경과 맞닿아 사출성형 작업 시 수지가 들어오게 되는 부분이므로 이것도 금형설계에 참고로 반영해야 하는 부분이 된다.

제품은 금형설계 및 제작 과정을 거쳐 최종에는 성형 작업을 통해 결과가 나오게 되므로 이들의 관계는 서로가 밀접하게 연관되어 검토되고 반영되어야 하는 부분인 것이다. 특히 설계자는 설계기술만으로 금형설계를 하여서는 안되고, 금형가공과 사출성형에 대해서도 꾸준히 공부하고 파악하여 금형과 생산까지 생각한 살아있는 설계 데이터가 나올 수 있도록 하여야 한다.

1. 사출성형기의 선택 시 고려 사항

(1) 사출기 용량
사출성형기의 선택 기준은 일반적으로 사출기의 용량으로 판단한다. 사출기의 용량은 최대 형체력과 최대 사출량으로 결정된다. 사출기의 용량은 최대 형체력의 40~70%, 최대 사출량의 40~70%를 사용하여 정상적인 사출제품을 생산할 수 있도록 선정하여야 한다. 제품이 큰 경우에는 30~80% 선이 적당하다. 필요에 따라서 더 큰 제품을 작업할 수도 있으나 제품 안정성, 사출기 시용 연한에 영향을 미치므로 상기의 비율을 지키는 것이 좋다.

(2) 형체력
용융된 수지가 금형 내로 주입될 때의 사출 압력에 의해 금형이 열리지 않도록 금형이 체결된 상태를 지탱시켜 주는 힘을 말한다. 금형의 제작과 밀접하게 관련이 된다. 필요한 형체력 계산 방법은 수지별 필요 단위 사출 압력(kg/cm^2)과 제품의 투영 면적을 이용하여 계산할 수 있다.

(3) 사출량
1회 사출 시에 최대로 사출할 수 있는 용량이다. 금형 캐비티 수에 따른 중량 대비 사출량이 충분한지 검토되어야 한다.

2. 사출성형기의 구조

가장 일반적인 사출성형기는 크게 형체 장치, 사출 장치, 유압 장치, 전기 장치로 구분할 수 있다.

(1) 형체 장치

성형기에 장착된 금형을 개폐시키는 장치로서 금형의 캐비티내로 수지가 충진되는 동안에 금형에 압력을 가해 금형이 열리지 않도록 하며, 제품을 밀어내는 역할을 하게 되는 장치이다.

직압식, 토글식, 조합식, 전기식 등이 있다.

- **고정 및 가동 플레이트** : 금형의 상하 고정판 부분이 체결되는 사출성형기의 플레이트이다.
- **타이바** : 고정 및 가동 플레이트를 지지하고, 제품을 밀어내기 위하여 가동 플레이트 작동 시에 가이드 역할을 하는 기구로서 고정 및 가동 플레이트 외곽에 4개가 있으며, 금형의 최대 폭은 반드시 타이바와 타이바의 간격 사이에 들어와야 금형을 사출성형기에 장착할 수 있다.
- **밀어내기 장치** : 사출제품을 밀어내는 장치로서 이젝터 로드 봉이 금형의 이젝터 플레이트를 밀어내어 사출제품이 취출되도록 한다.

(2) 사출 장치

성형 재료를 가소화시켜 사출하는 장치로 스크류, 노즐, 호퍼, 히터, 금형 및 부대 장치로 구성되어 있다. 가소화 장치라고도 한다.

- **호퍼** : 실린더로 수지를 공급하는 수지 저장 용기이다.
- **가소화 스크류** : 수지를 용융시키고 노즐을 통해 수지를 금형 내로 보내는 역할을 한다. 공급부, 압축부, 계량부로 나누어진다.
- **노즐** : 사출성형기와 금형이 맞닿는 부분으로 노즐 직경은 스프루의 내경보다 최대 같거나 작아야 사출 시 수지가 밖으로 흘러나오는 것을 방지할 수 있다.
- **역류 방지 밸브** : 사출 후에 노즐 쪽에 남아 있던 수지가 계량부 쪽으로 역으로 흐르는 것을 방지하기 위하여 개폐되는 장치이다.

(3) 유압 장치

사출성형기의 사출 및 형체 장치 각 부분의 전진과 후진의 동력원으로써 유압 펌프, 배관 유압 모터로 구성되어 있다.

(4) 전기 장치

제어 장치라고도 하며, 전기 계통의 장치로 제어반 등을 말한다.

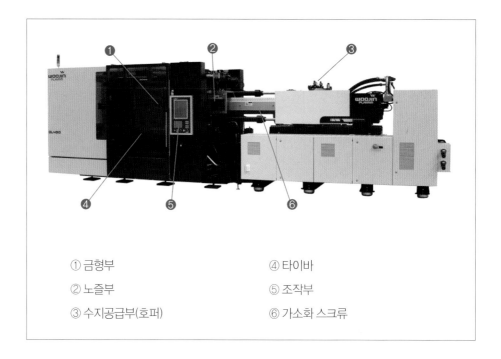

① 금형부   ④ 타이바
② 노즐부   ⑤ 조작부
③ 수지공급부(호퍼)   ⑥ 가소화 스크류

3. 사출성형 공정

(1) 형체 공정

금형을 사출성형기에 장착하고, 금형을 닫아 사출 준비를 완료한다.

(2) 사출 공정

스크류의 회전이 중지된 상태에서 고속, 고압의 직선 운동으로 금형 내로 수지를 충진시키는 공정이다. 이 단계에서 스크류의 회전이 일어난다면, 체크링의 마모나 균열 등의 문제가 있는 경우가 된다. 캐비티의 95~97%가 이 공정에서 충진된다.

(3) 보압 공정

수지가 금형 내에서 고화되면서 수축을 하게 되는데, 이러한 잔여 수축 분을 보완하기 위하여 추가적으로 압력이 작용하는 단계이다.

(4) 냉각 공정

수지가 금형 내에서 완전히 고화되도록 금형 온도를 낮추는 단계이며, 노즐은 금형에 접촉된 상태로 스크류가 회전하여 수지를 용융하고 스크류 선단으로 이동시키는 계량 공정도 함께 진행된다.

(5) 취출 공정

금형이 열리면서 사출제품이 취출되는 단계로, 스크류가 정지한 후 노즐이 후퇴하고 금형이 열리게 된다. 금형이 다 열리면 이젝터 로드 봉이 이젝터 플레이트를 밀어내어 사출제품이 금형으로부터 취출된다.

4. 사출성형 조건

사출성형을 하기 위한 직접적인 조건으로는 온도, 압력, 속도, 시간이 있고, 간접적인 조건으로는 환경 온도, 냉각수 온도, 사출기 형체력, 사출량 등이 있으며, 그 외에 제품의 구조적인 특성이 있다.

(1) 온도

사출성형에서 가장 큰 영향을 미치는 요소는 온도 조건이다. 온도 조건으로는 실린더의 온도, 금형 온도, 냉각수 온도, 수지 건조 온도, 환경 온도가 있을 수 있고, 가장 중요한 것은 실린더 내의 용융 수지 온도와 금형 온도이다.

유동성이 좋은 수지의 경우에는 적절히 온도를 낮추는 것이 바람직하며, 금형 온도는 보통 40~60℃ 범위 내에서 가공하는 것이 좋고 냉각수는 온도 조절기를 사용하여 계절에 따른 온도 변화에 대응하는 것이 좋다.

(2) 사출 압력과 속도

사출 압력은 성형 가능한 최저 압력을, 속도는 가능한 한 높은 속도를 사용하여 성형하는 것이 좋다. 일반적으로는 사출기 최대 용량의 30~50% 범위를 사용하며, 최적 조건은 40~70% 범위가 좋다. 사출 압력과 속도는 금형의 구조, 즉 게이트 구조, 제품 구조, 살두께 등에 따라 차이가 많으므로 주의하여야 하며 필요에 따라 금형을 수정하여 사출 시의 속도나 압력을 보완하여야 한다.

(3) 보압

대체로 사출압의 70~90% 이하로 조절하며, 보압이 과할 경우 이형 불량이나 플래시, 깨짐이 발생할 수 있으므로 주의해야 한다.

(4) 시간

건조 시간, 사출 시간, 보압 시간, 냉각 시간, 이형 및 휴지 시간, 계량 시간이 있다. ABS, ASA, SAN 수지의 경우는 주위로부터 수분을 흡수하므로 적절한 건조가 필요하다. 높은 생산성을 위해서는 가능한 짧은 사출 시간이 좋겠으나, 너무 높은 사출 속도로 하게 되면 불량 발생 가능성이 있으므로 제품 구조에 적절한 사출 속도와 시간이 요구된다. 냉각 시간은 제품 외관에 수축이 발생하지 않는 최소 시간으로 하면 된다.

소형 정밀 사출성형기-1 [표 4·5]

항목	단위	50G	80G	110G	130G
사출 장치					
스크류 직경	mm	25	32	36	40
사출 압력	kg/cm^2	2800	2068	1634	2300
사출 용적	cm^3	64	105	132	226
사출량 (PS)	g	59	96	122	208
사출률	cm^3/sec	73	98	125	149
가소화 능력	Kg/hr	29	56	77	84
노즐 직경,R	mm	2,10	2.5,10	2.5,10	3.0,10
로케이트링	mm	90	100	100	100
형체 장치					
형체력	ton	50	80	110	130
타이바 간격	mm	360 x 360	410 x 410	410 x 410	460 x 460
최대 형개거리	mm	250	700	750	850
최소 금형두께	mm	130	140	150	180
기계 장치					
기계 크기	m	4.4 x 1.4 x 1.6	4.9 x 1.5 x 1.7	4.9 x 1.5 x 1.7	5.3 x 1.6 x 1.8
기계 중량	ton	2.7	4.5	4.5	5.6
제품 종류		모바일(핸드폰), 전기전자부품, 기어류, 커넥터류			

중형 정밀 사출성형기-2 [표 4·6]

항목	단위	170G	220G	280G	350G
사출 장치					
스크류 직경	mm	45	50	55	60
사출 압력	kg/cm^2	1817	2144	1980	2353
사출 용적	cm^3	286	432	523	735

사출량 (PS)	g	264	398	482	677
사출률	cm³/sec	189	205	260	264
가소화 능력	Kg/hr	115	135	152	160
노즐 직경,R	mm	3.0.10	3.0.15	3.5.15	3.5.15
로케이트링	mm	100	100	120	120
형체 장치					
형체력	ton	170	220	280	350
타이바 간격	mm	510x510	560x560	610x610	720x720
최대 형개거리	mm	960	1090	1190	1380
최소 금형두께	mm	180	200	250	300
기계 장치					
기계 크기	m	5.6x1.7x1.8	6.4x1.8x2.1	6.7x1.9x2.1	7.9x2.0x2.1
기계 중량	ton	6.2	9.1	12	15.8
제품 종류		모바일(핸드폰), 전기전자부품, 기어류, 커넥터류			

중 · 대형 사출성형기-1 [표 4 · 7]

항목	단위	450	550	650	850
사출 장치					
스크류 직경	mm	70	80	90	105
사출 압력	kg/cm²	1898	1887	1885	1756
사출 용적	cm³	1480	2210	3140	5020
사출량 (PS)	g	1364	2037	2894	4626
(PP)	g	1048	1565	2223	3555
사출률	cm³/sec	510	622	782	1028
가소화 능력	Kg/hr	277	342	394	495
노즐 직경,R	mm	4.19	5.19	5.19	6.19
로케이트링	mm	100	100	100	100
형체 장치					
형체력	ton	450	550	650	850

타이바 간격	mm	860 x 810	915 x 915	1010 x 1010	1110 x 1110
최대 형개거리	mm	1450	1600	1800	2300
최소 금형두께	mm	350	400	450	500
기계 장치					
기계 크기	m	6.6 x 2.3 x 2.2	7.5 x 2.5 x 2.2	8.1 x 2.6 x 2.3	9.4 x 2.8 x 2.5
기계 중량	ton	19	26	32	41
제품군		중형 (가전 제품)			

대형 사출성형기-2 [표 4·8]

항목	단위	1300	1800	2500	3000
사출 장치					
스크류 직경	mm	115	125	140	180
사출 압력	kg/cm^2	1809	1814	1741	1416
사출 용적	cm^3	6570	8430	11850	22390
사출량 (PS)	g	6054	7768	10920	20632
(PP)	g	4652	5969	8391	15854
사출률	cm^3/sec	1202	1278	1413	2220
가소화 능력	Kg/hr	564	627	713	974
노즐 직경	mm	6.19	6.19	6.19	6.19
로케이트링	mm	120	120	120	120
형체 장치					
형체력	ton	1300	1800	2500	3000
타이바 간격	mm	1410x1410	1610x1610	1800x1600	1900x1800
최대 형개거리	mm	2500	3200	3600	3800
최소 금형두께	mm	700	800	900	1000
기계 장치					
기계 크기	m	10.7 x 3.4 x 3.0	12.0 x 3.8 x 3.2	14.3 x 4.0 x 3.6	15.5 x 4.3 x 3.9
기계 중량	ton	66	95	139	150
제품군		대형 (가전제품, 자동차)			초대형

02 금형 조립도 설계

제품의 캐비티 수와 성형기 등의 사이즈가 결정되고 나면 금형 조립도, 즉 금형 전체 레이아웃을 설계하게 된다. 금형 조립도를 설계하기 위해서는 금형의 구조와 형식을 알고 설계하고자 하는 제품에 맞는 금형 타입을 선정하여 설계하여야 한다.

금형의 타입은 금형의 구조, 제품 취출 방식이나 코어의 형태 등에 따라 여러 가지 분류 방법으로 나눌 수 있으나, 일반적으로 게이트의 취출 형식으로 분류하여 사이드 게이트 타입의 금형(2단 금형)과 핀포인트 게이트 타입의 금형(3단 금형)으로 크게 둘로 나누어진다. 이 밖에도 나사 금형이나 역사출 금형과 같이 특수한 금형 구조 등도 있다.

조립도 설계 순서는 먼저 캐비티 수에 따라 코어를 배치하고, 이에 맞게 게이트와 러너의 위치 및 형태를 설계한다. 그리고, 성형부에 밀핀의 대략적 위치와 냉각 회로를 배치한다. 제품에 언더컷이 있을 경우 슬라이드 코어부와 같은 언더컷 처리 기구를 배치하기도 한다.

코어부의 레이아웃 설계가 완료되면, 몰드베이스를 배치한다. 몰드베이스의 사이즈는 금형 제작 사양서에 지정된 사출기의 타이바 간격과 같은 관련 수치를 참고로 하여 코어와의 관계를 보면서 정한다. 몰드베이스의 타입은 게이트의 설계 구조나 이젝팅 방식 등에 따라 원하는 금형 타입의 몰드베이스를 선택하여 배치한다. 그 외에 금형 작동 시에 필요한 표준 부품을 배치하여 조립도 설계를 마치게 된다.

1 금형의 분류

금형은 일정한 규격과 구조를 가진 틀을 기본으로 그 틀 안에 가공이 완료된 코어나 그 외의 금형 부품들을 조립하여 완성하게 된다. 그리고 이렇게 완성된 사출성형기에 금형을 장착하여 성형 작업을 하게 되는 것이다. 성형 작업 시 사이드 게이트 타입의 금형은 스프루, 러너, 게이트, 제품이 상,하원판 사이에서 동시에 취출되는 금형이며, 핀포인트 게이트 타입의 금형은 스프루와 러너, 게이트가 별도로 취출되고, 제품도 별도로 취출되는 구조를 가진 금형이다.

1. 사이드 게이트 타입의 금형

사이드 게이트 타입 금형은 2단 금형이라고도 불리는데 일반적으로 성형부가 있는 상원판과 하원판 사이가 열리고 밀판이 작동하여 제품을 취출되는 구조의 금형이고, 제품과 함께 스프루와 러너도 같이 취출된다. 자동 낙하되므로 제품 취출에는 편하지만 스프루, 러너와 제품이 같이 취출되어 섞이게 되므로 골라주는 별도의 작업을 하거나, 스프루, 러너와 제품을 절단하는 후가공을 하기도 한다.

그림 4·5
사이드 게이트 타입의
금형 (2단 금형)

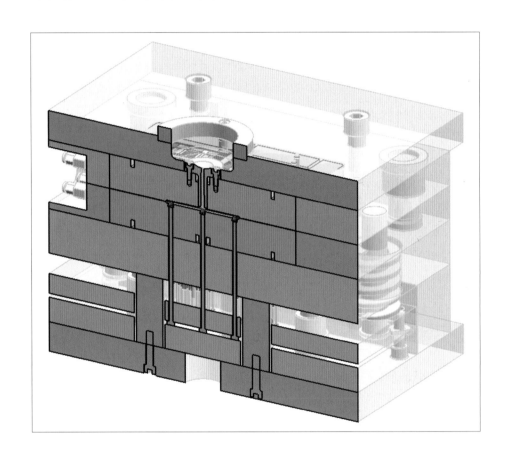

2. 핀포인트 게이트 타입의 금형

핀포인트 게이트 타입의 금형은 3단 금형이라고도 불리며, 금형이 작동되는 플레이트가 사이드 게이트 타입의 금형에 비해 복잡한 편이다. 첫번째로 러너 스트리퍼판과 상원판 사이가 열리면서 스프루와 러너가 코어로부터 빠져 나오고, 러너 스트리퍼판이 작동하여 스프루, 러너를 밀어내어 취출한다. 그리고 상원판과 하원판 사이가 열리면서 제품이 취출된다. 제품과 러너가 분리되어 각각 취출되며, 제품과 게이트가 자동으로 분리되므로 후작업이 필요하지 않아 좋지만, 금형 작동이 복잡하고 어려워 설계와 금형 제작 및 관리에 좀더 많은 비용과 시간이 필요하다.

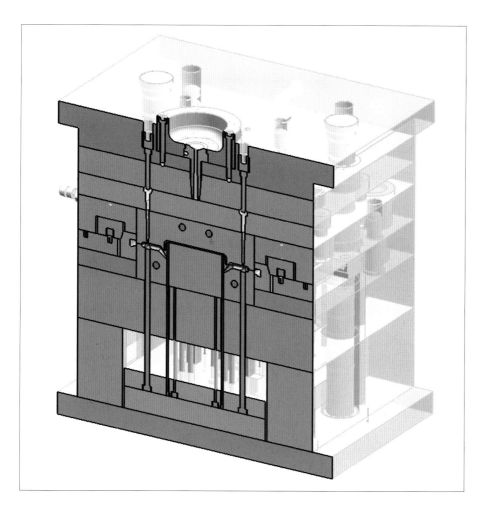

그림 4·6
핀포인트 게이트
타입의 금형
(3단 금형)

3. 핫러너 타입의 금형

이 외에 핫러너 구조의 금형 타입이 있다. 이는 러너의 일부 또는 전체를 만들지 않고 제품에 직접 충진을 하는 구조가 되는데 러너의 로스 비용을 줄일 수 있으며, 한 금형에 다수의 캐비티를 설계하는 경우나 충진 효율이 중요한 제품에 적용하는 금형이다.

2 몰드베이스

조립도 설계에서 제품과 코어의 사이즈를 레이아웃으로 선정한 뒤에 몰드베이스를 선정하여 조립도를 그리게 된다.

몰드베이스는 앞에서 말한 금형 타입에 따라 나누어져 있으므로 제품에 맞는 게이트 및 취출 방식이 결정되면, 그에 따라 몰드베이스의 타입을 결정하고 사이즈는 그 외의 여러 설계 요소들을 고려하여 설계한다.

1. 몰드베이스 구성

몰드베이스는 여러 개의 플레이트로 구성되어 있으며, 각각의 플레이트마다 금형 작동에 필요한 역할을 하고 있다. 일반적으로 몰드베이스를 구성하는 플레이트는 다음과 같다.

(1) 상고정판

금형을 사출성형기의 금형 장착 고정판에 체결하는 플레이트로서 성형기의 노즐이 금형에 닿아 수지가 주입되는 역할을 하는 부품이 여기에 조립된다.

(2) 러너 스트리퍼판

핀포인트 게이트 타입의 금형에만 있는 플레이트로서, 금형이 열리고 러너 스트리퍼판과 상고정판 사이가 벌어지면서 러너와 스프루 게이트가 취출되도록 밀어주는 플레이트이다.

(3) 상원판

수지가 충진되는 사출제품의 상코어가 포함되어 있으며, 성형기 기준으로 고정측에 있는 플레이트이다.

(4) 하원판

상원판과 마찬가지로 사출제품의 하코어가 포함되어 있으며, 성형기 기준으로 가동측에 있는 플레이트이다. 성형 시에 금형이 열릴 때에 가동측에 해당하는 하원판이 열리면서 제품을 취출 할 공간이 생기게 된다.

(5) 받침판

상, 하 코어 내에 수지가 충진될 때 사출 압력을 받게 되면, 하원판은 순간적으로 휨이 발생하게 된다. 하원판 아래에 위치하여 사출 압력을 버티도록 지지해 주는 플레이트이다.

(6) 스페이스 블록

사출제품을 취출하기 위하여 이젝터 플레이트가 작동할 수 있는 공간을 만들어 주는 플레이트이다.

(7) 상밀판

이젝터 핀이 조립되는 플레이트로서 사출제품 취출을 위해 작동하는 플레이트이다.

(8) 하밀판

이젝터 핀을 받쳐주는 상밀판의 받침 플레이트이다.

(9) 하고정판

사출성형기의 가동측 부착판에 금형을 체결하는 플레이트로서, 금형의 개폐 작동을 하게 된다.

이 외에 밀판 대신 제품을 밀어내는 역할을 하는 플레이트인 스트리퍼판이나 핫러너 금형에 사용되는 매니폴드 플레이트와 노즐 플레이트 등이 금형 구조에 따라 추가될 수 있다.

몰드베이스 타입 분류 체크 리스트 [표4·9]

NO	구조	타입		
게이트 형식	게이트 타입	핀포인트 타입		
		사이드 타입		
		핫러너 타입		
		기타		
이젝팅 방식	러너 스프루 이젝팅	유	러너 스트리퍼 플레이트	
	스트리퍼 방식	유	스트리퍼 플레이트	
		무		
	이젝터 플레이트 방식	유	스페이스 방식	
			포켓 방식	
		무		
플레이트 구성	상원판	유		무
	하원판	유		무
	받침판	유		무
	스페이스 블록	유		무
	매니폴드 플레이트	유		무
	노즐 플레이트	유		무
부품 구성	가이드핀	유	표준형	
			역가이드형	
		무	무	
	서포트핀	유	내측 부시 유	
			외측 부시 유	
		무	무	

2. 사이드 게이트 타입의 몰드베이스 구성

사이드 게이트 타입의 몰드베이스 구성은 상, 하원판이 열리면서 제품이 취출될 수 있도록 금형 작동에 필요한 플레이트로 구성된다. 고정측이 비교적 간단하게 상고정판과 상원판으로 구성되며, 가동측은 이젝팅 방식에 따라 밀판이나 스트리퍼판이 들어가기도 한다. 또한, 사출압에 의한 하원판 휨을 방지하는 역할인 받침판은 경우에 따라 하원판의 아래에 추가한다. 아래의 예는 사이드 게이트 타입 몰드베이스의 기본 구성이다.

그림 4·7

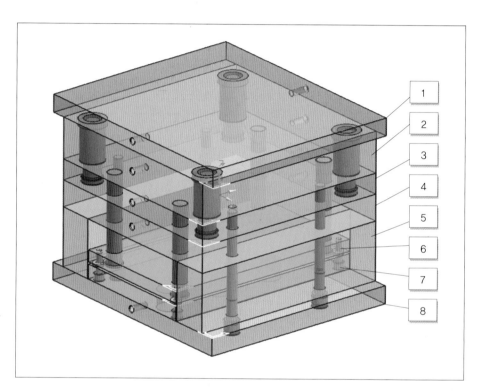

번호	명 칭	
1	상고정판	TOP CLAMPING PLATE
2	상원판	UPPER CAVITY PLATE
3	하원판	LOWER CORE PLATE
4	받침판	SUPPORT PLATE
5	스페이스 블록	SPACE BLOCK
6	밀판 (상)	UPPER EJECTOR PLATE
7	밀판 (하)	LOWER EJECTOR PLATE
8	하고정판	LOWER CLAMPING PLATE

3. 핀포인트 게이트 타입의 몰드베이스 구성

핀포인트 게이트 타입의 몰드베이스는 상, 하원판이 열리기 위한 금형 구성 이외에 러너, 스프루를 취출하기 위한 러너 스트리퍼 플레이트가 고정측인 상고정판과 상원판 사이에 추가로 구성이 된다. 이외에 가동측은 사이드 게이트 타입의 구성과 동일하게 된다.

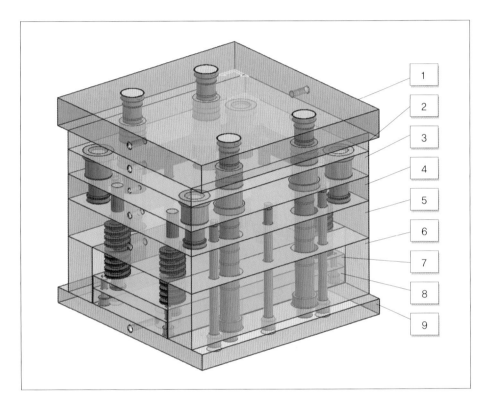

그림 4·8

번호	명 칭	
1	상고정판	TOP CLAMPING PLATE
2	러너 스트리퍼판	RUNNER STRIPPER PLATE
3	상원판	UPPER CAVITY PLATE
4	하원판	LOWER CORE PLATE
5	받침판	SUPPORT PLATE
6	스페이스 블록	SPACE BLOCK
7	밀판 (상)	UPPER EJECTOR PLATE
8	밀판 (하)	LOWER EJECTOR PLATE
9	하고정판	LOWER CLAMPING PLATE

4. 몰드베이스 규격

몰드베이스는 간혹 표준 타입의 금형이 아닐 경우 제작을 하기도 하지만, 몰드베이스만을 전문적으로 제작, 판매하는 회사에서 구매하여 사용하는 것이 일반적이다. 몰드베이스를 제작, 판매하는 업체에서 생산되는 타입과 규격에 따라 사용해야 할 몰드베이스를 주문하면 되고, 경우에 따라 비표준의 타입이나 추가 가공 등을 추가로 주문 요청할 수 있다. 다음은 몰드베이스의 주문 규격 예이다.

그림 4·9
몰드베이스
주문 코드 예

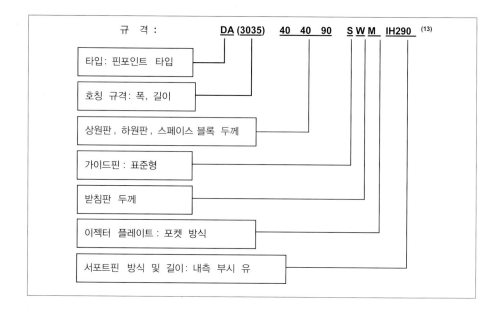

3 표준 부품

금형에서 사용되는 부품들은 다양한 기능과 작동을 하게 된다. 금형이 제대로 작동을 하기 위해서는 해당 부품들의 역할이 제대로 이루어져야 한다. 수지를 코어 내부로 흘려보내는 역할을 하는 부품에서부터, 몰드베이스 플레이트들이 열리고 닫힐 때 위치를 맞춰주는 부품, 플레이트가 열리는 거리를 맞춰주고 열린 상태를 유지해 주는 부품, 제품을 취출할 때 제품을 밀어내는 역할을 하는 부품 등 부품의 기능에 의해 금형은 작동을 하여 제품을 성형에서부터 취출까지 할 수 있게 된다.

금형설계자는 이러한 금형 부품들의 기능을 제대로 알고 정확히 설계에 사용할 수 있어야 한다. 특히 요즈음에는 금형 부품들이 표준화되어 구매품으로 대체되어 사용되는 경우가 많아, 설계자들이 부품의 기술적 기능과 용도를 제대로 파악하지 못하고 그저 표준 데이터대로 그리는 것에만 치중하는 경우가 많은데, 금형과 부품을 제대로 이해하지 못하고 설계를 하는 것은 작동 상의 불량 등으로 이어질 수 있으므로 매우 주의해야 할 것이다.

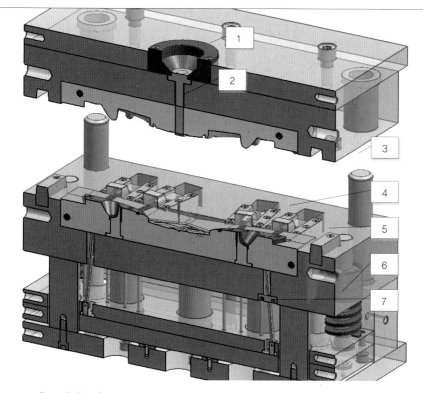

그림 4·10
사이드 게이트 타입
금형의 부품

① 로케이트링

② 스프루 부시

③ 가이드핀

④ 슬라이드

⑤ 인로우

⑥ 리턴핀

⑦ 리프터

그림 4·11
핀포인트 게이트
타입 금형의 부품

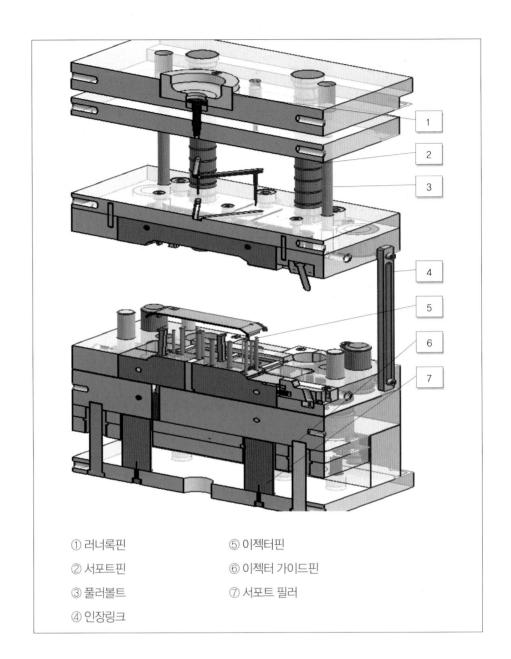

① 러너록핀   ⑤ 이젝터핀

② 서포트핀   ⑥ 이젝터 가이드핀

③ 풀러볼트   ⑦ 서포트 필러

④ 인장링크

1. 부품의 종류

(1) 로케이트링 (Locatering)

성형기 노즐과 스프루 부시의 중심 맞춤 역할을 한다. 로케이트링의 사이즈는 성형기의 사이즈에 따라 조금씩 다르므로 성형기의 사이즈를 확인해야 한다. 로케이트링의 내경 홀은 성형기의 노즐이 들어오는 부분이므로 노즐 직경을 감안하여야 한다.

그림 4·12

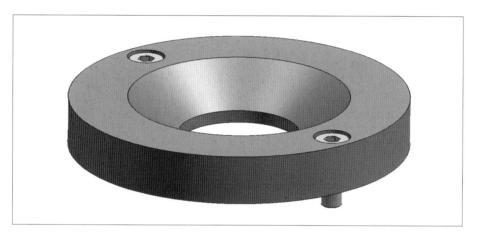

(2) 스프루 부시 (Sprue Bush)

스프루 부시의 역할은 성형기 노즐에서부터 러너까지 수지를 원활하게 흐르도록 한다. 스프루 부시의 내경(노즐경)은 성형기 노즐 내경보다 0.5mm~1.0mm 정도 크게 한다. 또한, 성형기 노즐이 맞닿는 R치수는 성형기 R치수보다 0.5mm~1.0mm 정도 크게 한다. 이러한 부분이 맞지 않을 경우 수지가 새어 나올 수 있다.

그림 4·13

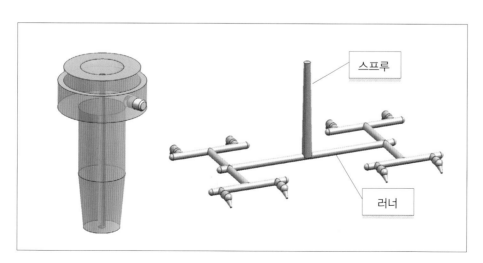

스프루

러너

(3) 가이드 핀 (Guide Pin)

금형이 열리고 닫힐 때 고정측과 가동측이 정확한 위치를 유지하며 어긋나지 않게 작동할 수 있도록 안내해 주는 역할을 하는 핀이다. 주의할 점은 돌출된 코어 높이보다 가이드 핀이 더 길어야 한다. 핀의 길이가 짧을 경우 금형이 닫힐 때 가이드 핀과 부시보다 코어와 캐비티가 먼저 접촉할 우려가 있다.

또한, 캐비티가 돌출되어 있는 금형의 경우에는 가이드 핀을 반대 방향인 고정측으로 고정시켜야 한다. 가이드 부시는 가이드 핀이 작동할 때 저항이 적도록 베어링의 역할을 해주는 부품이다.

그림 4·14

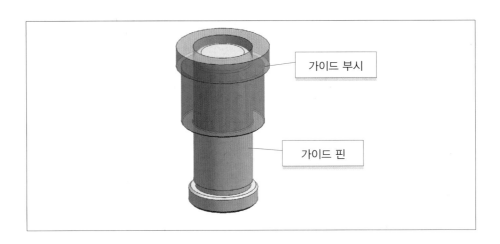

(4) 이젝터 핀 (Ejector Pin)

금형이 열렸을 때 사출제품을 취출하기 위해 사출제품을 밀어주는 역할을 하는 핀으로 밀핀이라고도 부르며, 이젝터 플레이트에 고정시켜 사용하는 부품이다. 이젝터 플레이트가 이젝터 로드 봉에 의해 작동이 되면 밀핀이 사출제품을 밀어올리게 되어 사출제품이 코어에서 떨어져 나오게 된다.

그림 4·15

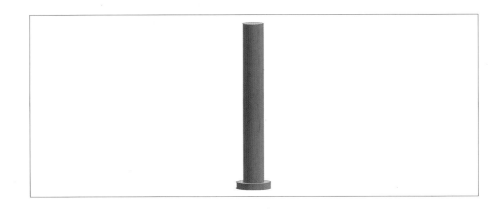

(5) 리턴 핀 (Return Pin)

사출제품을 취출한 후에 금형이 다시 닫힐 때 이젝터 핀을 원 상태로 복귀시키는 역할을 하는 부품이다. 하코어보다 돌출되어 있는 리턴 핀을 상원판이 밀어 복귀시키게 된다. 이 때 리턴 핀은 이젝터 플레이트에 고정되어 있으므로 이젝터 플레이트가 후퇴되어 밀핀도 같이 후퇴되는 것이다. 또한 리턴 핀에는 스프링을 끼우는데, 이것은 스프링의 탄성을 이용하여 이젝터 플레이트의 후퇴를 확실히 하기 위한 보조 장치이다.

그림 4·16

(6) 이젝터 가이드 핀 (Ejector Guide Pin)

사출제품의 취출을 위해 이젝터 플레이트가 작동할 때 이젝터 핀이 정확한 위치를 유지하며 작동되도록 안내해 주는 부품이다. 가이드 핀과 마찬가지로 부시와 세트로 이루어져 작동된다.

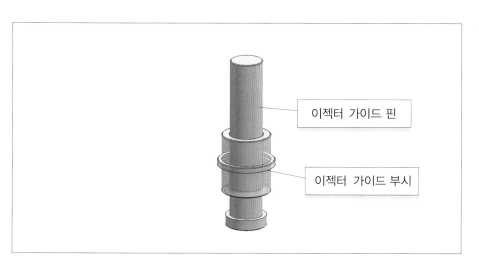

그림 4·17

(7) 받침봉 (Support Pillar)

사출 시에는 성형 압력으로 인하여 하원판에 엄청난 힘이 전달되어 하원판에 휨이 발생하게 된다. 이러한 휨을 방지하기 위해 설치하는 부품이다. 만약 받침봉을 설치하지 않는다면 받침판을 추가하거나, 하원판의 두께를 휨이 발생되지 않도록 두껍게 하여야 한다. 받침봉의 수량은 하원판의 두께와 사출 압력에 의한 휨량계산 결과에 따라 달라지게 된다.

그림 4·18

(8) 러너 록 핀 (Runner Lock Pin)

핀포인트 타입의 금형 구조에서 사출 시에 러너와 스프루를 취출하기 위해 러너 스트리퍼판과 상원판이 벌어지며 공간이 생기게 되는데, 이 때 러너 록 핀이 러너가 상원판에 박히지 않도록 상단의 언더컷부로 러너를 잡아당겨 빈 공간으로 나오게 한다. 그리고 풀러 볼트가 작동하여 상고정판과 러너 스트리퍼판이 벌어지게 되면 러너 록 핀이 러너에서 빠지게 되어 러너가 취출된다.

그림 4·19

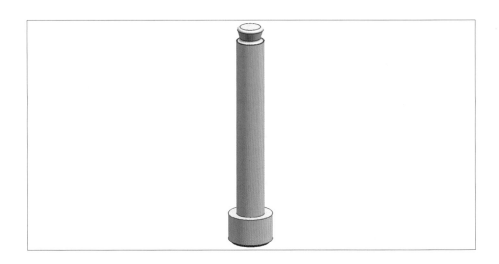

(9) 서포트 핀 (Support Pin)

핀포인트 타입의 금형 구조에서 사출 시에 금형의 상고정판과 러너 스트리퍼판 그리고 상원판 사이가 각각 벌어지며 공간이 생기게 된다. 서포트 핀은 이러한 플레이트가 열리고 닫힐 때 정확한 위치를 잡아주는 가이드 역할을 하며, 작동하는 플레이트의 하중을 지탱해 주는 역할도 한다.

그림 4·20

(10) 풀러 볼트 (Puller Bolt)

핀포인트 타입의 금형 구조에서 사출 시에 금형의 상고정판과 러너 스트리퍼판 그리고 상원판 사이가 각각 벌어지며 공간이 생기게 된다. 풀러 볼트는 이러한 플레이트가 벌어질 수 있도록 작동을 도와주며, 벌어진 공간을 유지할 수 있게 잡아주는 역할을 하는 핀이다. 러너 스트리퍼판과 상원판 사이의 공간으로 러너와 스프루가 취출된다.

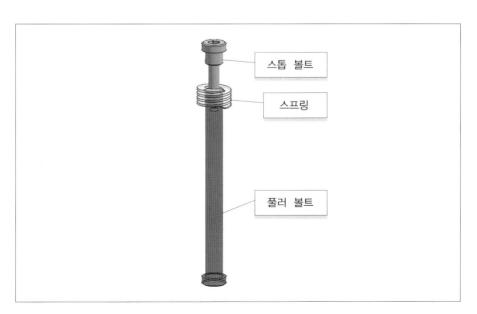

그림 4·21

스톱 볼트

스프링

풀러 볼트

(11) 인장링크

핀포인트 게이트 타입의 금형은 작동 시 고정측의 플레이트들이 차례로 벌어지게 된다. 이 때, 상원판과 하원판 사이의 벌어지는 공간을 인장링크로 조절하고 잡아주게 된다.

그림 4·22

(12) 테이퍼 핀 (테이퍼 블록)

인로우라고도 불리며 블록의 형태나 핀의 형태 등이 있다. 상, 하원판이 열리고 닫힐 때, 상하 파팅면(습합면)이 정확한 위치를 유지할 수 있도록 가이드해 주는 부품이다. 이때 부품의 테이퍼(각도)부의 높이 역시 습합면의 높이보다 높아야 금형이 닫힐 때 가이드의 역할이 정확하게 될 수 있다.

그림 4·23

2. 표준 부품의 규격

금형에서 사용되는 부품들은 소재를 구매하여 직접 가공을 하거나, 표준품으로 제작되어 있는 것을 주문하여 조립만 하여 사용하기도 한다. 금형산업은 그 역사가 오래되고, 우리 나라의 기술이 굉장히 높은 수준에 이르러 금형산업 전반에 표준 규격에 대한 정의가 비교적 잘되어 있는 편이므로, 이러한 표준 규격에 따라 표준 부품만을 가공 생산하여 판매하는 회사들도 상당히 많은 편이다. 금형을 제작하는 회사에서는 표준 부품에 대하여 자사 표준을 구축하여 전사적으로 표준의 설계를 하고 표준 금형을 제작하는 추세이며, 발주 역시 주문 코드 등을 체계화하여 사용하고 있다.

표준 부품 규격 예시[표 4·10]

품번	부품 명	재질	수량	주문 코드
K01	로케이트링	S45C	1	호칭규격 D X L (Ø100 X 20)
K02	스프루 부시	SKD61	1	호칭규격 D X L (Ø30 X 60)
K03	가이드 부시	SUJ2	4	호칭규격 D X L (Ø30 X 39)
K04	가이드핀	SUJ2	4	호칭규격 D X L (Ø30 X 77)
K05	이젝터핀	SKH51	15	호칭규격 D X L (Ø6 X 161)
K06	리턴핀	SUJ2	4	호칭규격 D X L (Ø20 X 165)
K07	이젝터 가이드핀	SUJ2	2	호칭규격 D X L (Ø20 X 110)
K08	받침봉	S45C	4	호칭규격 D X L (Ø40 X 80)
K09	러너록핀	SKH51	4	호칭규격 D X L (Ø5 X 46.5)
K10	서포트핀	SUJ2	4	호칭규격 D X L (Ø30 X 280)
K11	풀러볼트	SCM435	4	호칭규격 D X L (Ø13 X 188)
K12	인장링크	S45C	2	폭 X 길이 X 두께 (25 X 180 X 9)
K13	테이퍼핀	SKD11	2	호칭규격 D X 각도 (TPN20 X 3)

03 금형 상세 설계

금형 전체에 대한 조립도 설계가 완료되면 설계자는 이를 바탕으로 하여 상세 부품 설계를 하게 된다. 상세 부품 설계는 크게 금형에서 가장 중요한 코어부에 대한 설계와, 게이트 러너에 해당하는 유동부 설계, 제품 성형 시의 온도 조절을 위한 냉각부 설계, 언더컷이 있는 경우에 언더컷 설계와 제품 취출을 위한 이젝팅부 설계로 나눌 수 있다. 그러나 각 파트의 설계는 독립적이지 않고, 모두 연관 관계가 있으므로 전후 관계를 고려하여 설계하여야 한다.

예를 들면 코어의 파팅 설정은 게이트나 언더컷의 위치에 따라 달라지고, 게이트나 러너는 또한 파팅에 따라 달라지게 된다. 이젝팅부 설계와 냉각부 설계 시에는 간섭 부분 등을 체크하며 설계해야 하는 등이 될 것이다.

1 코어 설계

금형에서는 코어를 설계하여 성형부를 가공하게 된다. 성형부, 즉 제품의 형상이 코어에서 나와야 하는데 이 때 코어를 상, 하의 둘로 나누어 성형부를 가공하도록 설계하는 것이 코어 설계의 기본 원칙이며, 상, 하로 성형부를 나누게 되는 라인이 중요하다. 이 라인이 파팅이 된다. 이 파팅은 제품을 성형하였을 때, 제품 외관에 그대로 반영되어 나타나게 된다.

이러한 파팅에 의해 나누어진 코어는 기본적으로 상코어, 하코어라고도 부르며, 상코어를 캐비티, 하코어를 코어라고 부르기도 한다.

그림 4·24
금형 내부의 코어

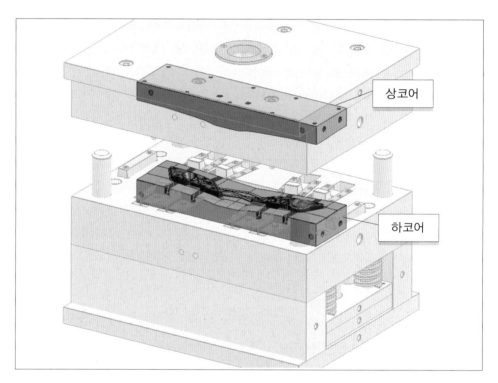

1. 파팅 라인과 파팅면 설계

사출제품이 고정측이나 가동측과 만나는 선이나 면으로서 파팅면을 경계로 코어와 캐비티를 나누어 설계하며, 성형부를 가공할 수 있게 한다. 그러나 사출제품의 파팅 라인을 따라 플래시 등이 발생하여 제품 불량이 되는 경우도 있으므로 설계자는 제품의 품질, 외관 상태, 가공성, 생산성 등을 종합적으로 고려하여 파팅을 선정하고 설계해야 한다.

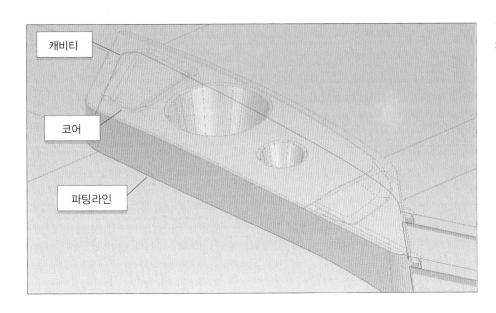

그림 4·25
파팅 라인과 파팅면

캐비티

코어

파팅라인

(1) 파팅 라인 결정에 영향을 미치는 요소

① 빼기구배 방향

제품이 금형에서 취출 되는 방향을 기준으로 제품 빼기구배 방향에 따라 성형부의 고정측과 이동측의 구분이 결정된다.

② 제품의 외관면 상태

외관 제품의 경우에는 이젝터 핀 위치에 따라 자국이 남아도 되는 부분이 보이지 않는 면이 되어야 하며, 이러한 제품의 위치에 따라 파팅 라인이 결정된다.

③ 제품의 언더컷 위치

언더컷이 존재할 경우 슬라이드 기구나 변형 밀핀 등 언더컷 취출 기구의 작동 방향을 고려하여 파팅 라인을 결정하게 된다.

④ 게이트의 형상 및 위치

사이드 타입과 핀포인트 타입의 금형 구조나 게이트의 위치를 고려하여 파팅을 결정한다.

(2) 파팅 라인 선정 시 고려 사항

• 가능한 한 직선 또는 평면으로 선정하는 것이 상하 코어 가공성도 좋으며, 파팅면 조립 시에도 좀더 쉽게 습합면을 맞출 수 있다.

• 제품 취출 방향과 직각이 되도록 설정하되 부득이한 경우에는 각도를 예각이 되지 않도록 설정하여 날카로운 형상이 생기지 않도록 해야 한다.

• 단차가 있는 면이 파팅이 될 경우에는 단차가 있는 측면에 충분한 습합 구배를 주어야

한다. 구배를 주지 않으면, 상하 코어의 작동 시에 이 측면이 직각으로 만나게 되므로 코어에 손상이 오게 된다.
- 제품의 투영 면적이 많은 쪽을 가동측으로 정하는 것이 원칙이다.
- 제품의 기능부 또는 작동부에는 되도록 파팅을 설정하지 않아야 한다.

2. 코어 설계

(1) 캐비티

일반적으로 상코어라고도 불리는 캐비티는 제품의 파팅을 기준으로 고정측에 해당하는 성형부를 포함하여 설계하며, 그 외에 구조에 따라 러너, 게이트, 인서트 코어, 냉각 등의 설계가 추가된다. 캐비티의 사이즈는 사출압이나 냉각 시스템 설계 등을 고려하여 선정한다.

그림 4·26
캐비티

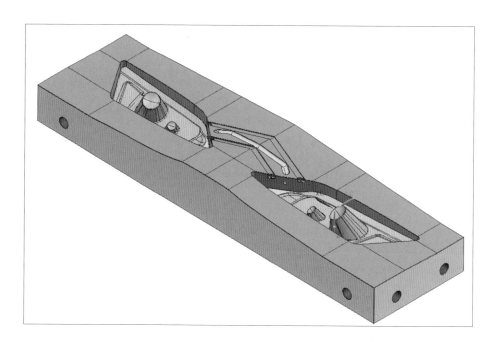

(2) 코어

하코어라고도 불리는 코어는 제품의 파팅을 기준으로 가동측에 해당하는 성형부를 포함하여 설계하며, 그 외에 구조에 따라 러너, 게이트, 인서트 코어, 냉각과 이젝터 핀 홀 등의 설계가 추가된다. 코어의 사이즈는 캐비티와 마찬가지로 사출 압력이나 냉각 시스템 설계 등을 고려하여 선정한다.

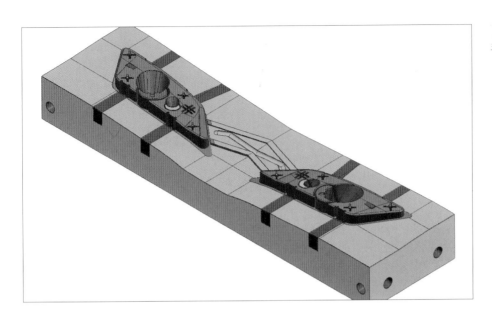

그림 4·27
코어

(3) 인서트 코어

인서트 코어는 상, 하코어의 형상 중에서 가공성이나 조립성을 고려하거나, 치수 등의 정밀도 관리가 필요한 부분에 대하여 상, 하코어에 일체형으로 설계하지 않고 인서트 코어로 분할하여 설계하게 된다. 인서트 코어를 조립하는 방법으로는 인서트 하단에 플랜지를 붙이거나, 볼트로 체결하는 경우도 있다.

그림 4·28
인서트 코어

(4) 인서트 코어 핀

인서트 코어 핀은 상, 하코어의 형상 중에서 가공성이나 조립성을 고려하거나, 치수 등의 정밀도 관리가 필요한 부분에 대하여 상, 하코어에 일체형으로 설계하지 않고 인서트 코어로 분할하여 설계하게 된다. 코어 핀을 관통된 홀에 적용하여 설계를 하면, 핀의 선단부는 상, 하코어가 만나는 파팅면이 되므로 습합에 주의하여 길이 등을 설계하여야 한다.

그림 4·29
코어 핀

코어, 캐비티의 분류 [표 4·11]

NO	종류	특징	
1	캐비티 (상코어)	독립 코어형	
		원판 일체형	
2	코어 (하코어)	독립 코어형	
		원판 일체형	
3	인서트 코어	플랜지형	
		탭형	
4	인서트 코어핀	플랜지형	
		탭형	
5	슬라이드 코어	인서트형	
		바디 일체형	
6	리프터(변형) 코어	인서트형	
		바디 일체형	

3. 코어의 규격

코어는 특정한 규격이나 표준이 없다고 보아도 무방하다. 제품의 형상과 크기 그리고, 설계 구조에 따라 그 사이즈가 결정되기 때문이다. 특히 코어의 재질 선정은 제품의 특징이나 가공성과 밀접한 관계가 있으므로 재질의 특성으로 파악하여 선정해야 한다.

코어의 규격 예시 [표 4·12]

품번	부품 명	재질	수량	주문 코드
C01	상코어	NAK80	1	W X L X H (150 X 220 X 40.96)
C02	하코어	NAK80	1	W X L X H (150 X 220 X 49.39)
C03	인서트 코어	SKD61	2	W X L X H (8.25 X 11.96 X 36.39)
C04	인서트 코어핀	SKH51	2	D X L (Ø3.00 X 45.58)

4. 코어 및 부품 강재의 선택

사출금형의 일반적인 사용 조건은 약 250℃ 이하이고, 사출제품도 비교적 연질이기 때문에 금속 단조용 형강, 다이캐스팅용 형강 등의 고급 합금은 피하고 가격이 저렴한 탄소 공구강, 구조용 탄소강, 저합금강이 주로 사용된다. 금형 소재는 금형의 수명 및 가공성에 큰 영향을 주는 것으로, 그 선택은 금형이 요구하는 조건과 가공 설비를 충분히 검토한 후에 결정하는 것이 좋다.

(1) 금형용 재료 선택 시 고려 사항

① 기계 가공성

일반적으로 경도가 높을수록 기계 가공성이 나쁘고, 경도가 낮으면 기계 가공성은 좋은 반면 열적, 기계적 강도, 연마성 등 여러 면에서 금형 재료로서의 성능이 떨어지므로 적절한 강도와 기계 가공성을 갖는 금형 재료를 선택하는 것이 좋다. 대표적으로 프리하든강 등이 사용되며, 대체로 경도는 HRC 30 ~ 40 정도이다.

② 강도, 인성, 내마모성

금형은 성형 시에 압축 응력과 인장 응력을 항상 반복해서 받는데 최근에는 정밀도를 올리기 위해 더 높은 고압으로 사출성형하는 경우도 빈번하고, 또한 유리섬유나 금속 분말 또는 무기질을 다량 충전한 성형 재료가 많아져 금형 재료의 강도, 인성, 내마모성은 금형의 수명과 정밀도 유지에 매우 중요시된다.

③ 표면 상태

금형 표면의 마무리면이 제품 표면에 그대로 반영되므로 매끈한 사출제품이 요구되는 경우에는 금형 재료의 광택 연마성이 좋아야 한다.

④ 열처리

강재는 일반적으로 담금질, 템퍼링, 어닐링, 노멀라이징 등의 열처리를 함으로써 그 성질을 개선하여 사용하는 것이 보통이다. 열처리 효과가 크며 뒤틀림, 담금질, 균열 등이 적어야 한다.

⑤ 내식성

PVC, POM, FEP 등의 성형 재료는 성형 시에 부식성 가스가 발생되므로, 이런 경우에는 금형 재료의 내식성을 고려한 금형 재료의 선택이 이루어져야 한다.

⑥ 내열성

성형 온도가 높은 성형 재료를 사용하는 금형의 경우, 금형 온도를 높여도 팽창이 적은 형재가 바람직하다.

(2) 금형 강종의 구분

① 냉간용 금형 재료

프레스 가공용 금형 재료로 냉간 블랭킹, 냉간 단조, 판금, 벤딩 가공 등에 사용한다.

② 탄소 공구강(STC=Steel Tool Carbon)

가공성이 좋으나 변형이 크고 내마모성이 낮다.

③ 합금 공구강(STS=Steel Tool Steel)

일반 금형에 많이 사용되는 재료로 변형이 작고 담금질성이 있다.

④ 합금 공구강(STD=Steel Tool Dies)

STS에 비하여 담금질성이 좋고 변형이 적다. 내마모성과 내충격성이 있으며, 인성이 높은 소재로 블랭킹 금형, 드로잉 금형, 압축 금형에 사용한다.

⑤ 고속도 공구강 (High Speed Steel)

탄소, 크롬, 텅스텐, 바나듐, 코발트 등을 함유한 합금강으로 적당한 열처리를 하여 경도가 높고, 마모 저항성을 향상시켰다. 가격이 비싸 주로 절삭공구용으로 많이 사용한다. 두께에 비하여 직경이 작은 고온 가공용 금형에 사용한다.

⑥ 열간용 금형 재료

열간 가공에 사용하므로 단조 금형, 압출 금형, 다이캐스팅 금형에 많이 사용한다.

(3) 대표적인 코어 강재

① STAVAX

STAVAX는 크롬 합금 스테인리스 금형강으로 내부식성과 내마모성 및 경면성이 매우 우수하여 코어의 재료로 많이 채택되어 사용되고 있다. STAVAX는 전해정련법으로 제조되어 매우 균일하며, 미세한 조직을 유지하고 있기 때문에 최고의 경면성을 얻을 수 있어 렌즈 등의 광학 부품이나 의료기기 등의 금형 소재에 아주 적합한 것으로 유명하다. 또한 물, 수증기 약한 유기산 및 소산염, 탄산염 그외 염의 희석액과 같은 부식성 매체에 부식이 되지 않으며, 부식성 수지의 성형 시에도 뛰어나 내부식성을 나타낸다. UDEHOLM사에서 제공하는 바에 의하면 경도는 대체로 50 ~ 55 HRC를 추천하고 있다. 성분은 크롬이 13.6%, 기타 바나듐, 망간, 실리콘, 탄소 등을 함유하고 있다. 탄소량은 0.38%로 S35C 정도의 중탄소강에 해당되지만, 내마모성을 위하여 첨가 원소가 포함되어 있어 가공은 통상의 탄소강보다 어려운 편이라고 할 수 있다.

② SKD61

KS D3753의 STD61과 JIS의 SKD61의 내용이 같다. 이 규격은 열간 금형용 공구강으로 탄소량 0.4%, 크롬, 몰리브덴, 바나듐의 합금강이다. 인성이 좋아 충격에 대한 저항력이 있으며, 내마모성이 좋다. 또한 바나듐과 크롬이 같이 합급되어 고온 강도가 높아 알루미늄 및 마그네슘 다이캐스팅 금형의 소재로 많이 사용된다.

③ NAK80

플라스틱 금형용강(프리하든강)으로서 최적 조건으로 열처리하였으며, Ni-Al-Cu계 시효경화강이다. 경면 연마성과 방전 가공성이 월등히 좋다. 또한 용접성이 양호하고, 열처리 필요없이 그대로 금형가공에 사용한다.

별도의 열처리가 필요하지 않은 금형 소재로 적당하며, 가공성이 두루 좋아 많이 사용되는 재료이다.

강재의 종류 [표 4·13]

재조사	강종 구분	제품명	KS 규격	경도 HrC	각재	봉재
포스코	구조용 탄소강	S45C	SM45C	5~10	O	O
		S55C	SM55C	10~15	O	
두산중공업	프리하든강	HP1		15~18	O	
		HP4	SCM440	25~30	O	
		HP4M	SCM	30~35	O	
포스코특수강	열간합금공구강	SKD61	STD61	48~50	O	O
	탄소공구강	SK3	STC3	60~63	O	O
	합금공구강	SKS3	STS3	58~60	O	O
	냉간합금공구강	SKD11	STD11	58~60	O	O
다이도특수강	프리하든강	NAK80		37~40	O	O
		DH2F	STD61 개량	38~42	O	
히타치금속	내식강	HPM38	STS420J2개량	52~54	O	O
	고속도강	SKH51	SKH9	58~60	O	O
ASSAB	내식강	STAVAX	STS420J2개량	52~54	O	
	합금공구강	CALMAX		56~58	O	
	프리하든강	RAMAX	STS420F	37~38	O	

부품별 재질 [표 4·14]

부품 명칭	재질	열처리 HrC	부품 명칭	재질	열처리 HrC
몰드베이스판류	SM55C	10~15	사각이젝터핀	SKH51	58~60
고정측 코어	STAVAX	52~54	이젝터 슬리브핀	SKH51	58~60
고정측 코어 인서트	STAVAX	52~54	러너 로크핀	SKH51	58~60
가동측 코어	STAVAX	52~54	게이트 코어	SKD61	48~50
가동측 코어 인서트	STAVAX	52~54	게이트 부시	SKH51	58~60
코어핀	SKH51	58~60	가스벤트편	STD61	48~50
슬라이드 코어	STD61	48~50	서포트핀	SUJ2	58~60
슬라이드 코어 인서트	STD61	48~50	서포트핀 와셔	SM45C	5~10
경사 이젝터핀	STD61	48~50	가이드핀	SUJ2	58~60
경사 이젝터핀 연결봉	STD61	48~50	가이드 부시	SUJ2	58~60
경사캠	STD11	58~60	로케이트링	SM45C	5~10
로킹블록	STD11	58~60	스프루 부시	STD61	48~50

가이드 레일	STD11	58~60	받침봉	SM45C	5~10
경사핀	STD61	48~50	스톱핀	SM45C	5~10
라이너	STD11	48~50	금형 열림 보호편	SM45C	5~10
이젝터핀	SKH51	58~60	보조편	SM45C	5~10
이젝터 슬리브	SKH51	58~60	슬라이드 스토퍼	SM45C	5~10

2 유동부 설계

유동부는 수지가 성형기로부터 금형 내부로 주입되어 캐비티에 충진되도록 하는 금형의 부품이나 형상부를 말한다. 일반적으로 스프루, 러너, 게이트의 세가지로 나누어져 있으며, 핫 러너의 경우에는 이러한 스프루, 러너를 없애고 제품과 최소한의 게이트부만 성형하여 재료 비용을 절감할 수 있다.

그림 4·30

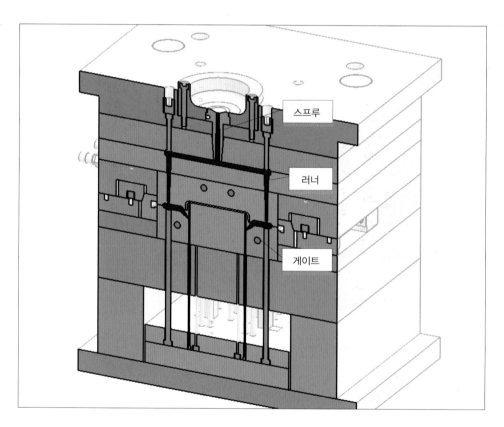

1. 스프루 설계

스프루는 금형의 입구에 해당하는 부품으로 용융된 수지를 러너에 보내는 역할을 한다.

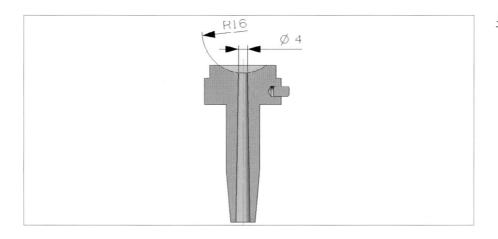

그림 4·31

스프루 부시의 설계 시 고려할 사항

- 스프루 부시의 R은 성형기 노즐의 선단 R보다 1mm 정도 크게 하는 것이 바람직하다.
- 노즐의 R이 더 클 경우 스프루 부시와의 접촉이 잘되지 않아 문제가 생길 수 있다.
- 입구 직경은 노즐 구멍 지름보다 0.5~1mm 정도 크게 한다. 그렇지 않으면 노즐과 스프루 부시가 닿을 때 수지가 바깥으로 샐 염려가 있게 된다.
- 길이는 될 수 있는대로 짧게 하는 것이 좋다. 길수록 버리는 수지의 양이 많아져 비용 면에서도 좋지 않고, 사출 압력에도 영향을 미치게 된다.

2. 러너 설계

러너는 성형기 노즐에서부터 나온 수지를 코어 내의 성형부로 안내하는 길 역할을 한다. 러너는 압력의 손실을 줄이기 위해서는 최대 단면적을 갖는 것이 좋고, 열전달 면에서 열 손실을 줄이기 위해서는 둘레 길이가 최소화되는 것이 좋다. 러너 둘레 길이에 대한 단면적의 비가 러너의 효율을 나타낸다.

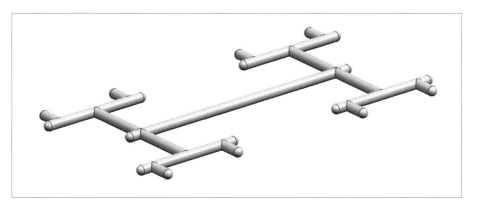

그림 4·32

러너 설계 시 고려할 사항
- 캐비티의 수 및 배열에 따라 배치 방법을 결정한다.
- 수지의 온도 저하가 최소가 되도록 한다.
- 러너에서의 압력 손실이 최소가 될 수 있는 구조로 한다.
- 러너의 배열은 가능하면 각 캐비티에 수지가 동시에 도달될 수 있도록 해야 한다.
- 러너의 체적은 작게 되도록 한다.
- 굳은 수지가 캐비티에 들어가지 않도록 콜드 슬러그 웰 등을 추가로 설계하는 것이 좋다.

(1) 러너의 분류

러너는 형상에 따라 구분되는 것이 일반적이며, 다이렉트 게이트나 핫러너와 같이 러너가 없는 특수한 구조의 금형도 있다.

러너의 종류와 타입 분류 [표 4·15]

NO	항목		스프루 타입	러너 타입	해당	규격
1	콜드 러너	사이드 타입	스프루 부시	원형		
				사다리꼴		
				반원형		
		핀포인트 타입	스프루 부시	사다리꼴		
				반원형		
2	부분 러너	사이드 타입	익스텐션 노즐	원형		
				사다리꼴		
				반원형		
		핀포인트 타입	익스텐션 노즐	사다리꼴		
			스프루 부시	인슐레이티드 러너		
3	러너리스	핫러너 타입	핫러너 시스템	러너리스		

(2) 러너의 크기

단면 형상에 따라 효율이 좋은 러너는 원형이지만 원형 러너는 금형가공이 많이 소모되고, 러너 로스가 많이 발생하게 된다. 그래서 형태를 변형시킨 사다리꼴이나 U자형의 러너와 반원형의 러너가 많이 사용된다.

러너의 형상별 분류 [표 4·16]

구분	원형	U형	사다리꼴
형상	 D = Smax + 1.5mm	 5°~10° D = Smax + 1.5mm W = 1.25 x D	 W = 1.25 x D
단면적 (Ø6.4)경우	32.2mm²	38.7mm²	41.6mm²

(3) 러너 사이즈 결정 시 고려할 사항

• 사출제품의 두께 및 중량을 고려
• 러너 또는 스프루에서 캐비티까지의 거리
• 러너의 냉각 시간
• 사용 할 수 있는 가공 공구 범위
• 사용 수지의 종류

(4) 콜드 슬러그 웰

성형기로부터 최초로 금형 내로 유입되는 수지는 냉각된 금형에 제일 먼저 접촉되어 수지 온도가 저하되며, 고화가 일어나게 된다. 이러한 수지가 캐비티 내에 유입되면 제품의 품질에 안좋은 영향을 미칠 수 있다. 이를 해결하기 위해 콜드 슬러그 웰을 러너 끝부분이나 스프루 부시의 아래 부분에 설치하여 냉각, 고화된 수지가 모이도록 유도하고, 뒤에 유입된 수지가 원활하게 캐비티 내로 충진되도록 한다.

(5) 러너와 게이트 간 밸런스

다중의 캐비티 내에 수지 충진 시간에 차이가 있다면, 제품의 충진 및 냉각 시간이 각 캐비티마다 다르게 되어 캐비티별로 물성치 등의 품질이 다른 제품이 나오게 될 수 있다.

그러므로 캐비티 내의 수지 충진 시간을 동일하게 설계하는 것이 기본 원칙이 되며, 이러한 부분은 러너의 설계 시에 적용된다. 다수 캐비티 금형의 경우에는 러너의 배열과 사이즈 조정을 통해 캐비티 간의 밸런스를 맞추어 설계를 해야 한다.

3. 게이트 설계

게이트는 뜻 그대로 러너를 지나온 수지가 캐비티 내로 유입되는 입구이다. 게이트의 위치, 개수, 형상 및 치수는 사출제품의 외관이나, 성형 효율 및 치수 정밀도에 큰 영향을 준다. 따라서 게이트는 캐비티 내의 용융 수지의 흐름 방향, 웰드 라인의 생성, 게이트의 절단 처리 방법 등을 고려하여 정해야 한다.

그림 4·33

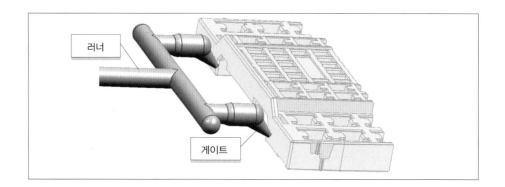

러너

게이트

게이트 설계 시 고려할 사항

- 사출제품의 두꺼운 부분에 설치하여 수지의 흐름을 좋게 한다.
- 외관상 눈에 띄지 않는 곳에 설치하는 것이 좋으나, 부득이한 경우 협의 하에 결정한다.
- 성형 후 게이트의 끝 손질이 용이한 부분에 설치하고, 게이트 절단 후에 게이트가 튀어나오지 않 도록 한다.
- 웰드 라인이 생기지 않는 곳에 설치하고, 에어나 가스가 모이는 곳에는 가스벤트를 추가한다.
- 살두께가 얇아 압력이 높아져 흐름이 안좋은 곳이나, 코어 핀과 인접한 위치에는 설치하지 않는다.

(1) 게이트의 분류

게이트는 크게 사이드 타입과 핀포인트 타입으로 나누게 되며, 이에 따라 금형 구조가 달라지게 되는 부분이다. 러너 비용 절감 등을 위해서는 러너가 없는 핫러너를 사용하기도 한다.

게이트의 종류와 타입 분류 [표 4·17]

NO	타입		형상	
1	표준 게이트	사이드 타입	사이드 게이트	
			오버랩 게이트	
			필름 게이트	
			팬 게이트	
			링 게이트	
			디스크 게이트	
			서브마린 게이트	
			탭 게이트	
			다단 게이트	
		핀포인트 타입	핀포인트 게이트	

2	비표준 게이트	사이드타입	다이렉트 게이트	
3	핫러너 게이트	핫러너 타입	오픈 게이트	
			밸브 게이트	
			세미밸브 게이트	

(2) 게이트의 크기 결정

- 충진 시간은 게이트가 클수록 짧아져 성형에 유리하다. 게이트의 크기를 크게 하면 고속 성형이 가능해지고 물성, 외관, 치수상 고품질의 제품을 얻을 수 있으나, 게이트가 고화될 때까지 보압을 걸어 두어야 하므로 사이클 시간이 길어진다.
- 잔류응력에 의한 변형, 휨에 관해서는 게이트가 작은 쪽이 유리하다.

4. 에어 벤트(Air Vent), 가스 벤트(Gas Vent)

사출 작업 시 수지가 충진될 때 금형 내의 러너, 게이트를 통과해 캐비티 내의 공간으로 들어오게 된다. 이 때 수지는 충진되는 빈 공간에 있던 공기들을 밀어내면서 충진이 되는데, 이러한 공기들이 빠져나가지 못하면 성형 후에 제품에 기포나 빈 공간 등으로 남게 된다. 이러한 불량 방지를 위해 공기가 빠져나갈 수 있는 통로를 설치하는데, 이것을 에어 벤트라고 한다. 또한 용융수지에서 발생하는 휘발성 물질이나 수증기 등의 가스로 인하여 사출제품의 불량이 발생하기도 하는데, 가스를 외부로 배출시키는 통로를 가스 벤트라고 한다.

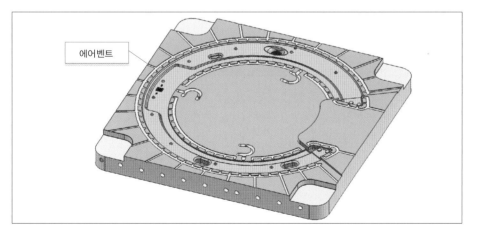

그림 4·34

- **에어 벤트 미설치로 인한 성형 불량 현상**
- **태움** : 캐비티 내에 존재하는 공기가 수지에 의해 단열 및 압축되면서 수지가 흑갈색으로 타는 현상이 일어난다.

- **미성형** : 캐비티내의 공기가 없어지지 못하고 압축되어 수지가 충진이 되지 못하는 현상으로 제품에 미성형이 발생한다.
- **플래시** : 벤트의 깊이가 클 경우 수지가 사출 압력에 의해 캐비티와 붙어 있는 벤트로 수지가 새어나가 제품에 플래시가 발생하게 된다.
- **기포** : 미성형과 비슷하나, 캐비티 내부의 공기나 가스가 기포의 형태로 제품 내부 곳곳에 남아 있는 현상이다.
- **표면 불량** : 공기나 가스가 제품 외관에 나타나는 현상으로 실버, 제팅 등이 있다.

(1) 벤트 설치 기준

- 일반적으로 제품 전체 둘레에 걸쳐서 외부에 벤트를 적절히 분배하여 설계한다. 상, 하 파팅 중 한 곳에만 설치하면 된다.
- 러너의 끝부분에도 벤트를 설계하여 가스가 빠져나갈 수 있도록 한다.
- 제품 성형 시에 파팅면을 진공 상태로 만들어 놓은 후, 가스를 일괄적으로 뽑아내는 방법을 사용하기도 한다.
- 제품 내부에 벤트 설치의 경우에는 인서트 코어의 측벽이나, 밀핀, 코어핀 등에 설치하면 된다. 벤트의 깊이 설정에 유의하여야 한다.

(2) 벤트의 치수 기준

벤트의 치수는 깊이를 보통 $0.02{\sim}0.05$mm 정도로 하는데, 단 흐름이 좋은 수지는 0.02mm 이내로 한다. 사각 제품에서는 사면 전체에 에어 벤트를 설치하며, 이때 피치는 최소 30mm로 한다. 깊이는 제품의 최외각에서 최소 5mm까지 벤트를 설치하고, 벤트 바깥 둘레는 홈을 충분히 만들어 준다.

수지별 벤트의 깊이 [표 4·18]

수지명	벤트 깊이 (mm)
ABS	0.02~0.05
POM (ACETAL)	0.01~0.02
PPO	0.02~0.03
PPS	0.01~0.03
PBT	0.005~0.015
PA	0.005~0.015
PC	0.02~0.03
PS	0.02~0.05

3 언더컷(Under Cut) 취출 기구 설계

사출성형기에서 형체결 방향으로 금형 열림 작동만으로 제품을 취출할 수 없게 되어 있는 제품의 일부분을 언더컷이라고 한다. 언더컷 부분은 홀처럼 제품 외관부에 있는 경우나 후크부나 나사와 같이 제품의 내부에 있는 경우도 있으며, 역구배 구간 등도 언더컷이라고 할 수 있다. 언더컷은 일반적으로 금형의 구조를 복잡하게 하고, 성형 시에도 문제 발생의 소지가 많으므로 제품 설계 단계에서 가능한 한 언더컷 형상은 피하는 것이 좋다. 언더컷의 처리 기구로는 여러 가지가 있으며, PE, PP 등에서는 약간의 언더컷이 있어도 수지의 탄성을 이용해서 이형시킬 수도 있다.

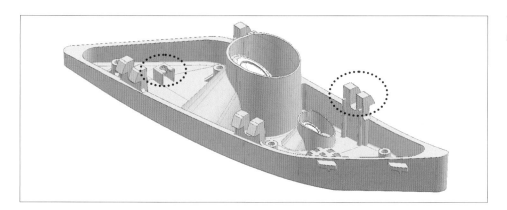

그림 4·35
내, 외측 언더컷

1. 언더컷 처리 설계 방법

(1) 강제 이형
언더컷 처리가 곤란한 사출제품을 PE나 PP와 같은 연질의 수지로 성형하는 경우에 약간의 언더컷은 금형이 열린 후에 손으로 빼낼 수 있다.

(2) 스트리퍼 플레이트 사용
강제 밀어내기의 방법으로 수지의 탄성이 크거나 언더컷의 형상이 금형에서 빠지기 쉬운 부분일 경우에 적용되며, 스트리퍼 플레이트가 제품을 치게 되면 제품이 순간의 탄성 변형을 일으키면서 취출되는 방법이다.

(3) 슬라이드 코어
가장 일반적인 방법으로 캠기구 등을 이용하여 사출기 형체결 방향에 대해 직각 방향으로 후퇴 또는 전진시킴으로써 언더컷을 손상시키지 않고 빼내는 방법이다.

(4) 리프터에 의한 방법

변형 밀핀이라고도 불리며, 제품 내부의 언더컷 형상을 제품을 이젝팅할 때 리프터가 같이 작동하여 언더컷 역시 취출되도록 하는 방법이다. 슬라이드 코어가 외측 언더컷의 일반적인 처리 방법이라면 이와 더불어 리프터는 내측 언더컷의 일반적인 처리 방법이다.

(5) 회전 기구에 의한 방법

나사 제품 등은 기어 기구를 설치하고 모터를 작동시켜 나사 코어를 회전하여 제품을 취출하는 방법을 사용할 수 있다.

2. 슬라이드 코어

제품의 외관에 언더컷이 있는 경우에 사용하는 방법으로 제품의 크기나 언더컷의 양에 상관 없이 사용할 수 있어 대부분의 외측 언더컷에 사용되고 있다. 슬라이드 코어 바디를 작동시키는 방식은 여러 가지 기구를 사용하는 방법이 있으나, 그 중 경사핀을 사용하는 방식이 간단하고 비용 면에서도 적게 드는 방식이다.

그림 4·36

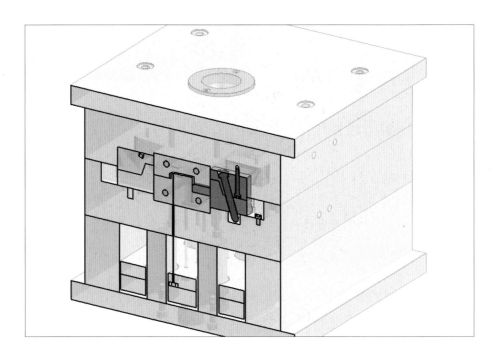

(1) 슬라이드 코어의 작동 방식

- **경사 핀에 의한 방법** : 앵귤러 핀에 의해 금형의 개폐 운동에 따라 슬라이드 코어를 전진 후퇴시키는 방법을 말한다. 일반적으로 가장 많이 사용되고 있다.
- **경사 캠에 의한 방법** : 경사 핀 대신에 경사 캠을 형판에 고정하여 슬라이드 코어를

전진, 후퇴시키는 방법이다. 어느 정도 금형이 열린 후에 슬라이드 코어를 후퇴시킬 필요가 있을 경우에 주로 사용된다.

① 기어 기구에 의한 방법

금형의 개폐 운동에 관련되어 작동하는 기어 기구, 또는 이젝터 플레이트의 운동에 관련되어 작동하는 기어 기구에 의해 슬라이드 코어를 전진, 후퇴시키는 방법으로서 경사 핀 방식에 비하여 작동 스트로크를 길게 할 수 있으나, 금형 구조가 복잡하게 된다.

② 공압, 유압 실린더에 의한 방법

공기압이나 유압에 의해 슬라이드 코어를 전진, 후퇴시키는 방법이다.

(2) 슬라이드의 코어의 종류

① 인서트형 슬라이드 코어

슬라이드 코어와 슬라이드 바디를 일체형으로 하지 않고, 인서트형으로 별도 설계하는 경우가 많다. 이것은 성형부가 복잡하거나 큰 경우 가공을 고려하여 별도로 가공하여 슬라이드 바디와 분해, 조립하는 것이 용이하며, 슬라이드 코어를 수정해야 하는 경우에도 용이하다.

또는, 이와는 반대로 제품의 언더컷 형상부가 작은 경우에도 슬라이드 코어를 인서트형으로 가공하는 것이 비용 면에서 절감할 수 있다.

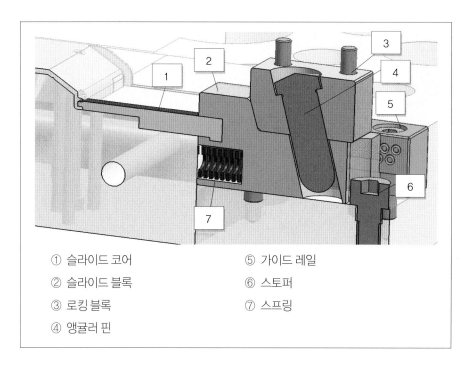

그림 4·37

① 슬라이드 코어   ⑤ 가이드 레일
② 슬라이드 블록   ⑥ 스토퍼
③ 로킹 블록   ⑦ 스프링
④ 앵귤러 핀

② 일체형 슬라이드 코어

제품의 언더컷 성형부와 슬라이드 바디를 하나의 부품으로 설계하는 것으로서, 제품의 형상이 복잡하지 않고 단순한 경우나 인서트형으로 코어를 가공하기에 슬라이드 바디와의 조립이 어려운 경우에 사용한다. 대형 금형의 경우는 금형 작동 시에 하중을 많이 받게 되므로 슬라이드 바디를 일체형으로 설계하여 크랙 등에 대비하기도 한다.

그림 4·38

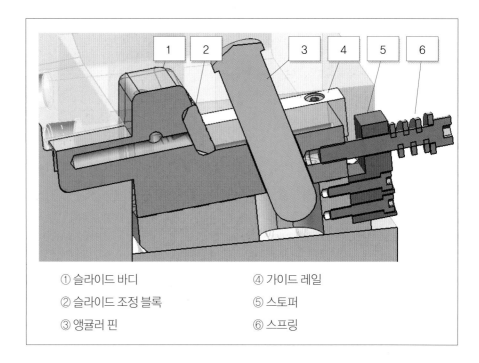

① 슬라이드 바디　　④ 가이드 레일
② 슬라이드 조정 블록　　⑤ 스토퍼
③ 앵귤러 핀　　⑥ 스프링

슬라이드의 종류와 타입 [표 4·19]

NO	종류	타입	
1	슬라이드 바디	코어 일체형	
		코어 인서트형	
2	가이드 레일	홈붙이형	
		일자형	
3	로킹블록	인로우형	
		원판 일체형	
4	슬라이드 조정블록	인서트형	
		무	
5	앵귤러	핀형	
		탭형	

6	앵귤러 블록	유	
		무	
7	위치결정	볼플런저	
		스토퍼 블록형	
		스토퍼 핀형	
		볼트형	

(3) 슬라이드 코어 부품

① 슬라이드 바디(Slide Body)

금형이 작동하여 열리면서 슬라이드 바디는 앵귤러 핀이 벗어나는 거리에 맞춰 후퇴하여 언더컷으로부터 슬라이드 코어의 형상이 벗어나게 된다. 슬라이드 바디가 스트로크 만큼 완전히 후퇴하여 언더컷으로부터 벗어난 후에 제품은 이젝팅 작동을 통해 취출된다. 또한, 금형이 닫히면서 슬라이드 바디가 간혹 완전히 들어오지 않은 상태에서 금형이 닫히는 사고가 발생할 수 있으므로 앵귤러 핀과의 작동이 정확하게 이루어져야 한다.

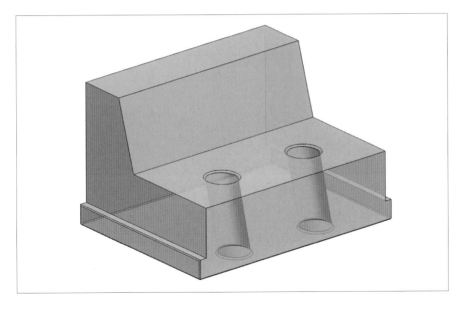

그림 4·38

② 로킹 블록(Locking Block)

로킹 블록은 금형이 닫혀 있는 상태에서 슬라이드 바디가 후퇴하지 않도록 형체결력에 의한 힘으로 눌러주는 역할을 한다. 형체결력이 사출 압력을 이기지 못하게 되면 로킹 블록이 열리면서 슬라이드 바디가 후퇴하여 제품 성형에 문제가 될 수 있다.

그림 4·40

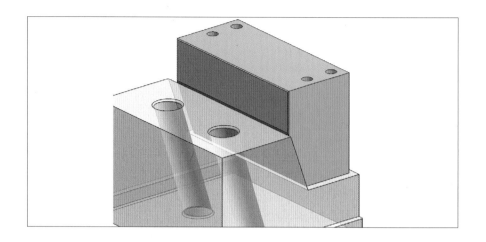

③ 앵귤러 핀(Angular Pin)

금형의 고정측에 설치되어 금형이 열리고 닫힐 때 슬라이드 바디를 이에 맞춰 후퇴, 전진시키는 역할을 하는 부품이다. 앵귤러 핀의 각도는 10~25° 범위 내에서 설정하는 것이 좋다. 이 이상의 각도는 금형이 열리고 닫히는 거리에 비해 슬라이드가 움직이는 거리가 급격하여, 앵귤러 핀에 무리한 하중이 오게 된다. 또한 대형 금형에서는 하나 이상의 앵귤러 핀을 사용하는 경우가 있는데, 이때는 각각의 앵귤러 핀의 작동이 동일해야 슬라이드 바디가 원활하게 작동되므로 앵귤러 핀의 간격 등에 주의하여 설계해야 한다.

그림 4·41

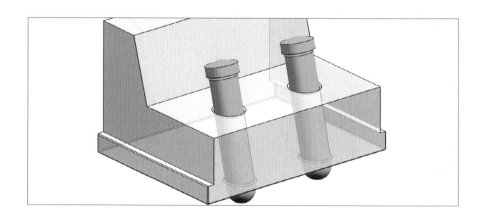

④ 가이드 레일(Guide Rail)

슬라이드 바디가 정확한 위치를 유지하면서 작동할 수 있도록 안내해 주는 역할을 하며, 금형에서 분리되지 않도록 잡아준다. 슬라이드 바디와 가이드 레일의 평행도가 잘 맞아야 슬라이드 바디의 작동에 문제가 없으므로 조립되는 부분의 가공에 주의하여야 한다.

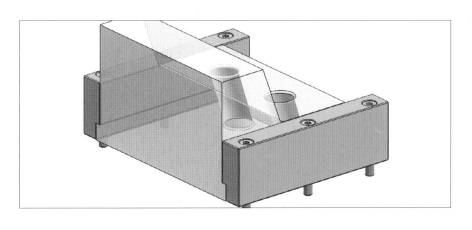

그림 4·42

⑤ 슬라이드 조정 블록 (Slide Adjust Block)

로킹 블록과 만나는 슬라이드 면은 압력이나 작동 등에 의해 습합이 맞지 않게 되는 경우가 발생하므로 블록으로 별도 제작해 교체 수정 등을 한다.

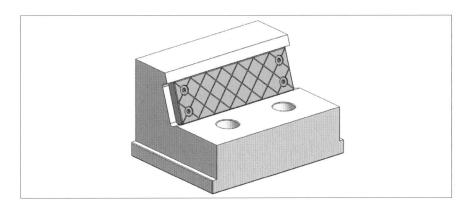

그림 4·43

⑥ 앵귤러 블록

앵귤러 핀의 조립, 분해에 용이하게 하기 위하여 블록을 사용한다.

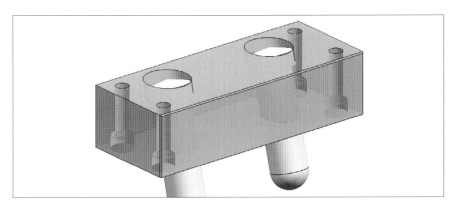

그림 4·44

⑦ 슬라이드 스토퍼

금형 작동 시에 슬라이드 코어가 원하는 스트로크 만큼 정확히 작동하도록 보조 역할을 한다. 같은 역할을 하는 부품으로 볼 플런저도 있다.

그림 4·45

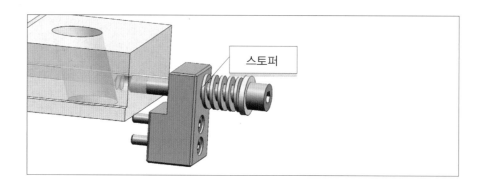

⑧ 스프링

슬라이드 바디가 후퇴하였을 때 제품이 취출될 때까지 바디가 움직이지 않도록 보조하는 역할을 한다. 스프링은 스트로크량보다 길어야 슬라이드 바디를 잡는 힘을 유지할 수 있다.

그림 4·46

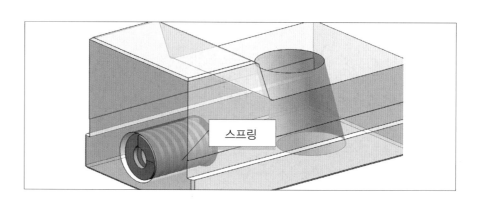

슬라이드 부품 규격[표 4·20]

품번	부품 명	재질	수량	주문 코드
A	슬라이드 바디	SKD61	1	W(폭) X L(길이) X H(높이)
B	로킹 블록	SKS3	1	W X L X H
C	앵귤러 핀	SUJ2	1	호칭 규격 D(직경) X L(길이)
D	가이드 레일	SKS3	2	W X L X H
E	슬라이드 조정 블록	SKS3	1	W X L X H
F	앵귤러 블록	SKS3	1	W X L X H

G	위치결정 블록	S45C	1	W X L X H
H	스프링	–	1	호칭 규격 D X L

다. 리프터 (Lifter)

제품 취출 방향과 다른 언더컷 형상이 제품 내부에 있는 경우에 사용하는 언더컷 취출 방법 중 일반적인 방법이다. 제품 내부 언더컷을 내측 슬라이드 코어 방식으로 설계하는 경우도 있으나, 내측 슬라이드는 작동 부품 수와 공간 면에서 제품 내부에 설치하기 어려운 경우가 많다. 이에 반해 리프터 기구는 적은 공간 안에서 제품의 언더컷을 처리하기 적당하다. 그러나 언더컷량이 큰 경우에는 적절하지 못하다.

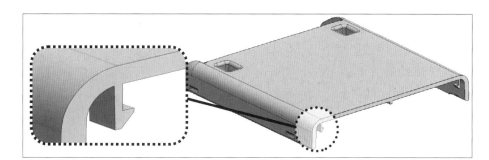

그림 4·47
내측 언더컷

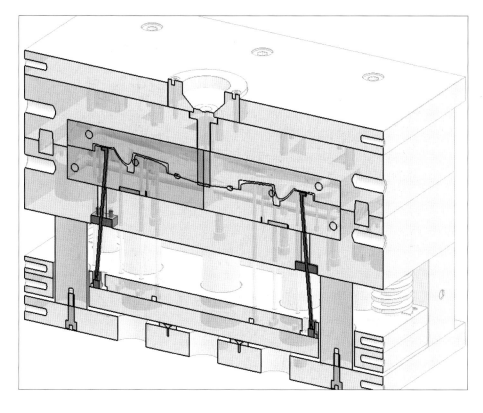

그림 4·48
금형에서
리프터 설계 사례

(1) 리프터의 작동

- 성형부는 리프터 코어 내에 설계하고 리프터 코어의 작동을 위해 하단부를 힌지 형태로 설계하여 슬라이딩 작동되는 부품에 조립하여 작동할 수 있도록 한다.
- 금형이 열리고 이젝터 플레이트가 작동하게 되면 리프터의 슬라이드 레일이 언더컷 취출 방향으로 움직이면서, 성형부를 형성하던 리프터 코어로 함께 언더컷에서 빠져나오게 된다.
- 리프터 코어의 하단 작동부에는 좌우로 슬라이드 작동이 원활하게 이루어질 수 있는 여러 형태의 기구를 사용하게 된다. 예를 들면 블록 형태나 핀 또는 유닛 단위의 작동 기구 등이 있다.
- 리프터 코어가 작동할 때는 수직 방향의 이젝팅 스트로크와 리프터 앵글에 따라 움직이게 된다. 언더컷량과 이젝팅 거리와 리프터 앵글의 상관 관계를 잘 계산하여 기구를 설계해야 한다.

(2) 리프터의 종류

① 리프터 레일형

각형의 리프터 코어에 제품의 언더컷 형상을 가공하고, 이젝터 플레이트에 있는 슬라이드 레일에 조립하여 이젝팅 작동 시 리프터가 작동하여 언더컷이 취출되도록 하는 구조이다. 가이드 블록으로 리프터 작동 시 위치를 가이드한다.

그림 4·49

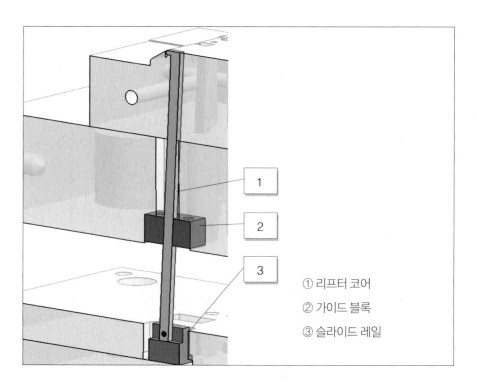

① 리프터 코어
② 가이드 블록
③ 슬라이드 레일

② 리프터 이젝터 핀형

소형의 금형에서 언더컷량이 적은 경우에 사용하며 이젝터 핀은 수직으로 작동하고, 리프터 코어는 이젝터 핀 내에서 좌우로 작동하게 된다. 부품 수가 적어 가공하기에 경제적이나, 조립하기에 불편할 수 있으므로 이젝터 플레이트와의 조립 방법도 염두에 두어 보조 부품을 같이 설계한다.

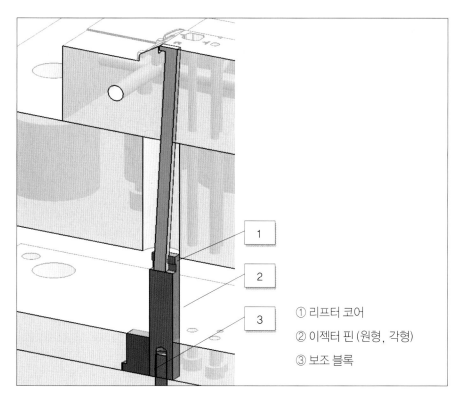

그림 4·50

① 리프터 코어
② 이젝터 핀(원형, 각형)
③ 보조 블록

③ 리프터 유닛형

언더컷 형상이 큰 금형에서 사용한다. 리프터 코어는 슬라이드 유닛에 조립하여 작동하도록 한다. 슬라이드 유닛은 슬라이드 레일과 변형 코어의 각도를 조정하는 홀더로 구성되어 있으며, 리프터 각도를 보다 많이 줄 수 있어 언더컷의 크기가 큰 경우에 사용하기에 편리하게 되어 있다. 그러나 유닛의 사이즈가 커 금형 내부에서 공간을 많이 차지하게 되어 다른 부품과의 간섭 등을 고려해야 한다.

그림 4·51

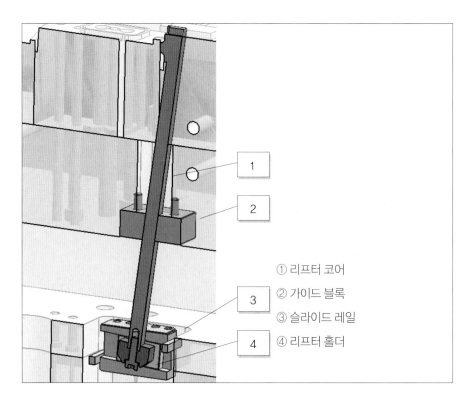

① 리프터 코어
② 가이드 블록
③ 슬라이드 레일
④ 리프터 홀더

④ 리프터 샤프트형

언더컷 형상이 큰 금형에서 사용한다. 언더컷 형상은 변형 코어에 별도로 설계하고, 변형 코어를 샤프트와 조립하여 사용한다. 샤프트를 각형으로 설계하는 경우에는 샤프트에 냉각 등을 추가 설계하여 작동 부품에 대한 냉각 효과를 줄 수 있으며, 중, 대형 금형에서 많이 사용되고 있다.

그림 4·52

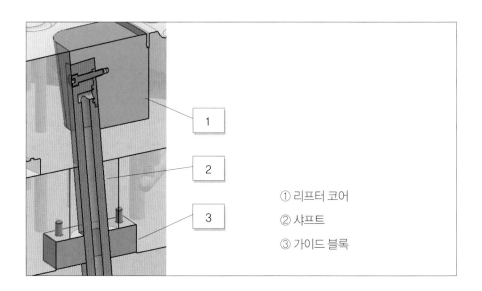

① 리프터 코어
② 샤프트
③ 가이드 블록

리프터의 종류와 타입 [표 4·21]

NO	종류		타입	
1	리프터 코어		샤프트 일체형	
			인서트형	
2	리프터 샤프트		각형	
			원통형	
3	가이드 블록		유	
			무	
4	슬라이드 레일	블록	슬라이드 블록	
		유닛	슬라이드 베이스 & 샤프트 홀더	
			샤프트 홀더	
5	이젝터 앵귤러 핀		원형	
			각형	

(3) 리프터 부품

① 리프터 코어_일체형 (Lifterl Core)

제품 내측의 언더컷 형상을 리프터 코어에서 가공하도록 설계하고, 코어 내에서 작동
하여 언더컷으로부터 빠져 나와야 하므로 코어와 리프터 코어 간의 습합부에는 구배
가 반드시 필요하다.

그림 4·53

② 리프터 코어_인서트형 (Lifter Core)

리프터 코어의 형상이 가공하거나 조립하기에 적당하지 않을 경우에 언더컷 형상을 인서트 코어로 처리하고, 리프터 샤프트를 인서트 코어와 조립하여 사용하는 구조이다.

그림 4·54

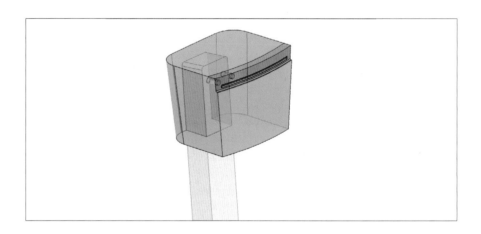

③ 가이드 블록 (Guide Block)

리프터가 정확한 위치에서 작동하도록 하는 부품으로 원판 하단부에 리프터 코어 습합부를 블록에 가공하여 조립한다.

그림 4·55

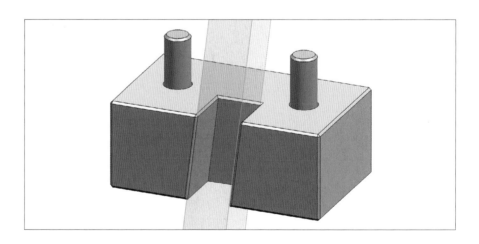

④ 리프터 샤프트 (Lifter Shaft)

리프터 코어를 인서트 형으로 하는 경우에 샤프트에 조립하여 리프터 작동을 하도록 한다. 가공 및 조립 분해 등에서 사용이 편리하다는 장점이 있으며, 샤프트의 형상은 각형과 원형의 종류가 있다.

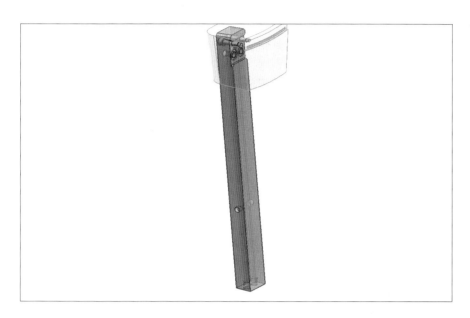

그림 4·56

⑤ 슬라이드 레일_블록형 (Slide Rail)

이젝터 플레이트가 작동할 때 리프터가 슬라이딩되며 작동할 수 있는 공간을 만들어 주는 레일 역할의 부품이다. 블록형은 가공이 간단하나 리프터 코어나 샤프트와의 정밀 작동에는 유닛보다 다소 떨어질 수 있다.

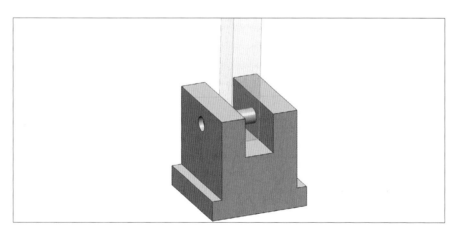

그림 4·57

⑥ 슬라이드 레일_유닛형 (Slide Rail)

유닛형의 슬라이드 레일은 레일 안에 리프터 코어를 각도에 따라 작동하게 하는 홀더를 별도로 장착하여 사용하는 구조이다. 리프터 코어의 각도와 이젝터 플레이트 작동 시에 레일이 움직이는 각도를 독립적으로 조절하여 보다 효과적으로 언더컷을 처리할 수 있다.

그림 4·58

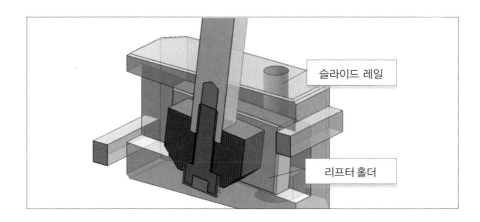

슬라이드 레일

리프터 홀더

⑦ 슬라이드 레일_유닛 이중 레일형 (Slide Rail)

리프터 코어의 언더컷에 대한 작동 각도를 최대 30°까지도 줄 수 있는 구조로 이젝팅 스트로크가 길지 않아도 큰 언더컷에 대한 취출이 손쉽게 가능하다.

그림 4·59

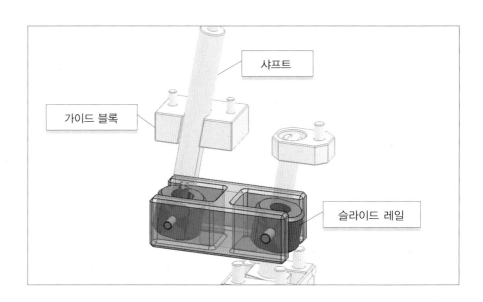

샤프트

가이드 블록

슬라이드 레일

리프터 부품 규격 [표 4·22]

품번	부 품 명	재질	수량	주문 코드
L01	리프터 코어	SKD61	1	W(폭) X L(길이) X H(높이)
L02	리프터 코어	SKD61	1	W X L X H
L03	가이드 블록	SKS3	1	W X L X H
L04	리프터 샤프트	SUJ2	1	W X L X H
L05	슬라이드 레일	S55C	1	W X L X H
L06	슬라이드 유닛	S55C	1	호칭 규격 BASS 16

4 냉각 설계

사출성형에서 가장 중요한 것 중의 하나가 온도 조절이다. 고온 상태의 용융수지를 이용하여 금형 내에서 성형하는 과정에서 수지의 온도와 금형의 온도 성형 후의 고화와 수축에 이르기까지 제품 성형 상태와 제품 품질에 중대한 영향을 미치게 된다. 수지의 온도 조절은 사출 작업자의 몫이지만, 금형의 온도 조절을 위한 설계는 설계자가 제품에 대한 냉각 효율과 금형을 잘 고려하여야 한다.

금형 온도 조절은 다음과 같은 부분에 영향을 미치게 된다. 첫번째, 온도 조절을 효과적으로 하게 되면 성형 사이클을 단축시켜 제품 생산성을 높일 수 있다. 두번째, 수축이나 웰드 발생으로 인한 사출제품의 불량 및 치수나 기능 등의 불량을 개선할 수 있다.

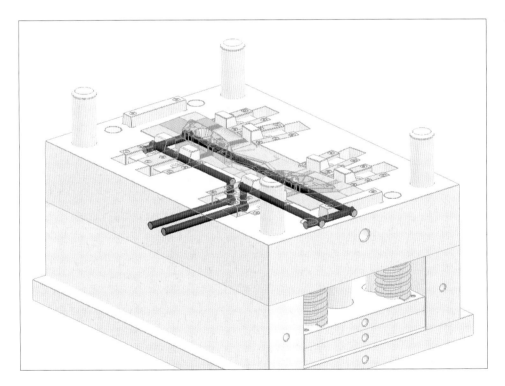

그림 4·60

금형 온도 조절 방법

(1) 수냉 : 물로 금형을 냉각시키는 것으로 일반적으로 금형 온도를 낮추는 것이며, 가장 많이 사용하고 있는 방법이다.

(2) 공냉 : 공기로서 대기 중에서 서서히 냉각시키는 것이다.

(3) 유냉 : 기름을 사용하여 온도 조절을 하는 것으로 금형에서는 금형의 온도를 올리기 위해서 온도 조절기를 많이 사용한다.

(4) 전도체 : 히터 파이프 등을 사용하여 전기로 열을 가하여 일정 온도를 유지시키는 것으로 주로 열경화성 성형 재료의 금형에 사용된다.

(5) 기타: 베크라이트 혹은 비전도체 등으로 금형의 온도가 외부로 나가지 못하도록 사용되고 있다.

냉각 회로 설계 시 고려할 사항

(1) 냉각 설계를 이젝터 설계보다 우선적으로 고려해야 한다. 제품 성형에 가장 중요한 부분이므로 냉각 회로 설계 후 그 위치를 고려하여 이젝터 설계를 하는 것이 좋다.

(2) 스프루나 게이트 등 금형 온도가 높은 곳에서부터 냉각 회로를 시작하는 것이 좋다.

(3) 성형 수축률이 큰 수지로 성형하는 금형의 경우에는 수축 방향에 따라 냉각 수로를 설치하면 효과적이다.

(4) 냉각수 홀의 위치는 가공상의 조건을 고려하여 성형부와 최소 안전 거리를 두고 설계해야 한다.

(5) 고정측 형판과 가동측 형판을 각각 독립적으로 냉각 회로를 설계하여 냉각시키는 것이 좋다.

(6) 금형 냉각 시에 냉각 회로의 입구와 출구의 온도 차이는 적을수록 좋으며, 정밀 금형의 경우 2℃ 이하가 되는 것이 좋다.

1. 냉각 설계

(1) 라인 냉각

코어나 냉각이 필요한 부품 등에 라인의 냉각 회로를 설계하는 것이다. 1캐비티당 하나의 입구와 출구를 가진 냉각 회로로 설계하여 캐비티별로 독립적인 냉각이 이루어질 수 있도록 하는 것이 효과적이다.

코어에 라인 냉각을 하게 되면 성형부에 전체적으로 효과적인 냉각을 할 수 있으며, 두께의 차이가 크지 않은 제품에 냉각 효과가 우수하고 냉각 홀가공이 편리한 점이 있다.

그러나 코어 내부에 인서트 코어 등의 관통 형상이 많으면 냉각 회로 설계에 제약이 많아져 성형부에 효과적인 라인 냉각을 하기 어려우므로 이를 고려해야 한다.

슬라이드 코어와 같이 성형부도 있으면서 작동을 하는 부품에도 냉각 라인 설계를 하여 제품과 금형 전반에 냉각 효과를 볼 수 있도록 한다.

원판 냉각의 경우에는 성형부에 직접적인 냉각 효과보다는 보조적인 냉각을 하거나 온도가 높지 않은 수지를 사용하는 경우에 설계한다.

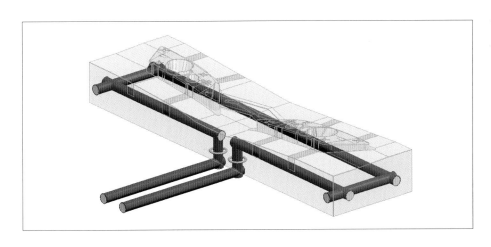

그림 4·61
코어 라인 냉각

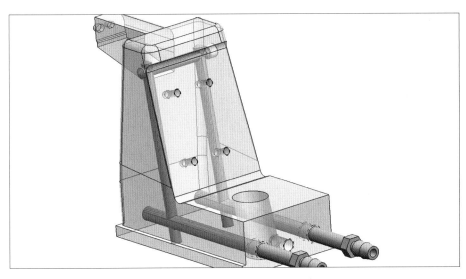

그림 4·62
슬라이드 라인 냉각

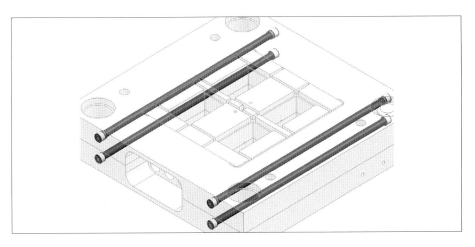

그림 4·63
원판 라인 냉각

(2) 탱크 냉각

냉각 홀을 사출제품의 면에 따라 길이를 다르게 가공하고, 홀 안에 배플 플레이트나 파이프를 설치하여 냉각 회로를 설계하는 것으로 병렬식 회로가 일반적이다. 탱크 냉각은 코어 내부에 인서트 코어나 밀핀 홀 등과 같은 관통 형상 등에 크게 구애받지 않고 위치시킬 수 있어 좋으며, 냉각의 수 역시 제품 형상이나 크기에 따라 많거나 적게 조절이 가능하다. 제품의 형상이 복잡하거나 큰 경우에는 성형 시에 변형이나 수축에 대한 냉각이 중요하여 균일한 냉각 효과를 줄 수 있는 탱크 냉각이 일반적으로 많이 사용되고 있다.

그림 4·64
탱크 냉각

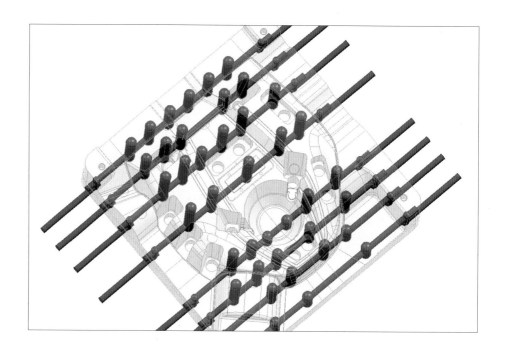

2. 냉각 부품

(1) 배플 플레이트

탱크 냉각과 같이 냉각 홀을 가공하여 냉각 회로를 만들고자 하는 경우에 홀 안에 배플 플레이트를 끼워 넣어 홀을 인과 아웃으로 나누어 사용하는 부품의 일종이다. 배플 플레이트의 사이즈는 폭은 홀의 직경과 같게 하고, 두께는 1~2 mm 사이로 한다. 냉각 홀에 조립하는 방법은 억지 끼워맞춤으로 조립하거나, 하단부에 스크류가 붙어 있어 탭 홀에 조립하는 방법 등이 있다. 주의할 점은 배플 플레이트가 조립되었을 때, 냉각 홀 윗 부분에 냉각수가 지나갈 수 있는 여유를 충분히 두어야 한다.

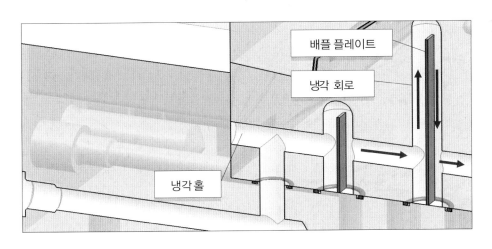

그림 4·65

배플 플레이트

냉각 회로

냉각 홀

(2) 냉각 파이프

냉각을 설치하기 어려운 가늘고 긴 코어 부분이나, 균일한 온도를 유지시켜야 하는 살이 두꺼운 부분 등에 파이프 냉각이 유효하게 사용된다. 냉각 방법은 파이프의 내측으로 냉수가 유입되었다가 파이프의 외측과 냉각 홀 사이로 흘러나가는 방법으로 코어를 냉각시키는 효과가 대단히 우수한 방법이다.

그림 4·66

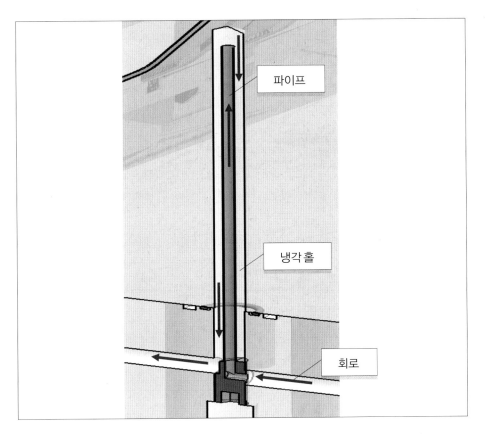

파이프

냉각 홀

회로

(3) O 링

O 링은 서로 다른 부품의 냉각과 냉각 사이에 설치하여 냉각수가 냉각 회로 외부로 누수 되지 않도록 해주는 역할을 한다. 예를 들면 코어와 원판 사이의 냉각 홀에 설치된 O 링은 코어와 원판 사이에서 압축되어 원판의 냉각 홀을 통해 들어오고 나가는 냉각수가 코어로 들어갈 때 누수 현상을 방지하게 된다.

그림 4·67

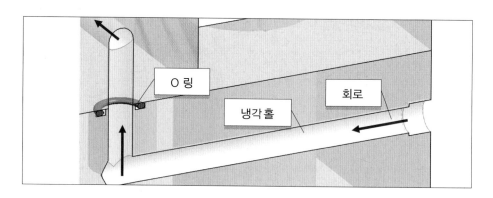

(4) 냉각 배관 관련 부품

금형의 냉각을 위하여 외부의 냉각 시스템과 연결하는 부품을 냉각 홀에 장착하여 냉각수의 유입과 배출에 사용하게 된다.

그림 4·68

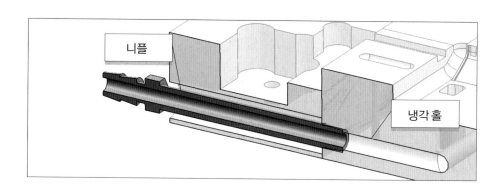

냉각의 종류와 타입 [표 4·23]

NO	구분		종류	냉각 타입	
1	코어	캐비티	라인 냉각	일자형 회로	
				사각형 회로	
		코어	탱크 냉각	배플 플레이트 회로	
				냉각 파이프 회로	
				냉각 회로판	

2	원판	고정측	라인 냉각	일자형 회로
		이동측		사각형 회로
		핫러너		코어 보조 회로
3	부품	슬라이드	라인 냉각	일자형 회로
		리프터		사각형 회로
		인서트	탱크 냉각	배플 플레이트 회로
		밀핀		

5 이젝팅 설계

금형에서 이젝터의 기능은 금형이 열린 상태에서 작동하여 사출제품을 코어로부터 취출하는 것이다. 이젝팅 시스템의 설계 시에 고려해야 할 사출제품의 특성으로는 성형 사용 수지, 제품의 형상, 게이트의 종류 등이 해당된다. 제품의 취출은 이러한 사출제품의 특성이나 금형 작동 구조와 밀접하게 연관되어 있으므로 취출 기구나 이젝터 핀 등의 부품을 적절히 배치하고 설계해야 한다.

좋은 이젝팅 시스템의 설계는 사출제품에 변형이나 균열을 일으키지 않아야 하며, 정확하고 신속하게 이형되고 금형에서 간편하게 작동하는 것이 좋다.

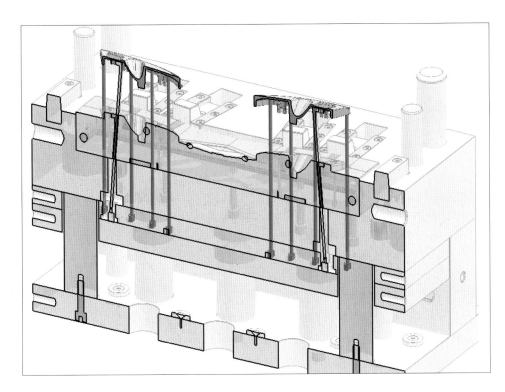

그림 4·69

1. 이젝팅 설계 방법

(1) 이젝터 핀에 의한 방법

금형에 조립과 분해가 간단하고, 핀의 위치 선정도 자유롭게 가능하기 때문에 가장 많이
사용되는 방법이다. 제품의 형상에 따라 각형 이젝터 핀을 설치해야 하는 경우도 많은데,
사각 형상의 홀은 코어에서의 가공 방법이 원형과는 다르므로 설계 시 이젝터 홀의 가공
방법을 고려하여야 한다. 또한, 가스 빼기가 나쁜 곳에 설치하게 되면 에어 벤트의 역할을
할 수 있으므로 좋다. 이젝터 슬리브 핀은 제품에서 직접 취출이 이루어져야 하는 깊이가
깊고, 접촉 면적이 적은 원통 모양 또는 보스에 적용한다.

그림 4·70

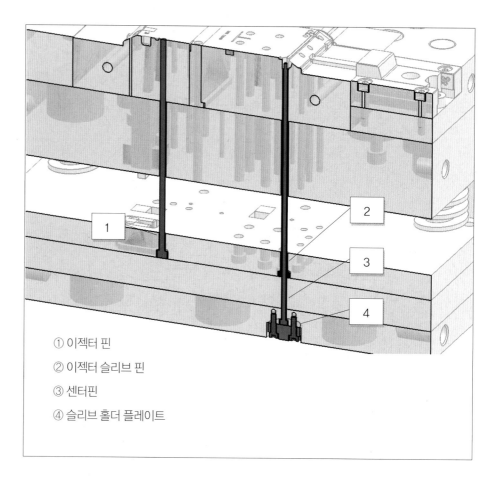

① 이젝터 핀
② 이젝터 슬리브 핀
③ 센터핀
④ 슬리브 홀더 플레이트

(2) 스트리퍼 플레이트에 의한 방법

제품을 플레이트를 그대로 사용하여 취출하는 방법이다. 몰드베이스에서 스트리퍼 플레
이트가 별도로 있는 구조이다. 제품을 취출하는 플레이트는 스트리퍼 플레이트이며, 핀
포인트 게이트 타입의 금형에서는 러너가 제품과 별도로 취출되므로 러너를 취출해 주는

러너 스트리퍼 플레이트가 있는 구조도 있다.

스트리퍼 플레이트를 이용하여 제품을 취출하게 되면, 균일한 취출 압력을 주게 되어 제품에 크랙이나 백화가 없고 변형이 작아, 일정한 두께를 가지는 케이스류와 같은 제품의 취출 방법으로 많이 사용된다. 이젝터 핀과 같은 자국 또한 남지 않아 투명한 사출제품에 주로 사용되기도 한다.

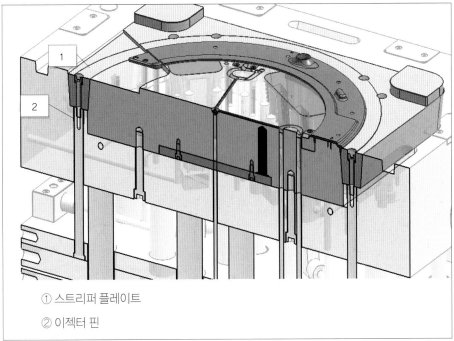
그림 4·71

① 스트리퍼 플레이트
② 이젝터 핀

(3) 공압에 의한 방법

두께가 얇거나 깊은 제품, 투영 면적이 큰 사출제품, PE나 PP로 된 깊고 비교적 얇은 용기 등을 압축된 공기를 에어 홀을 통해 주입하여 이젝팅하는 방법이다. 이젝터 핀 자국이 남지 않아야 하는 제품이나, 제품이 하측에 밀착되어 있는 얇은 제품 등의 경우 균일한 공압을 사출제품 하단부에 주어 가볍게 이탈될 수 있도록 한다. 이 방법 역시 제품에 변형이 잘 발생하지 않지만, 공기가 새면 이젝터 시에 효과가 떨어지므로 주의해야 한다.

2. 이젝터 부품의 종류

(1) 이젝터 핀

일반적으로 제품 면에 원형의 이젝터 핀을 다수 배치하여 설계하지만, 제품의 형상에 따라 사각 이젝터 핀을 사용하는 경우도 있고, 제품부가 작아 배치할 이젝터 핀의 사이즈가 작아지는 경우, 작동이나 가공 시의 강도를 고려하여 핀을 이단으로 하는 이단 이젝터 핀이 있다.

그림 4·72

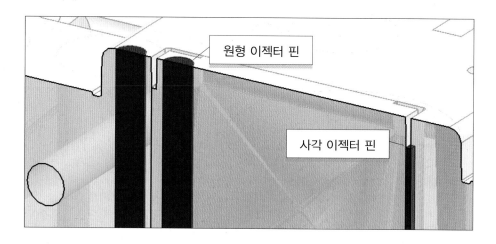

원형 이젝터 핀

사각 이젝터 핀

(2) 이단 취출용 이젝터 핀

중간 플랜지붙이 이젝터 핀은 하 이젝터 플레이트에 스트로크 만큼 공간을 남겨 놓고 조립하여, 이젝터 플레이트가 작동할 때 스트로크 공간만큼 늦게 작동이 되도록 하는 구조에 사용하는 이젝터 핀이다. 시간의 차이를 두어 제품을 취출해야 하는 경우에 사용한다.

그림 4·73

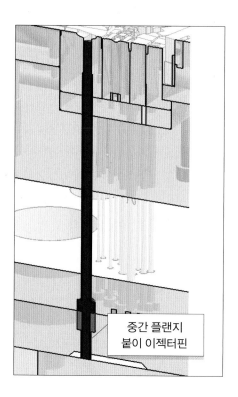

중간 플랜지
붙이 이젝터핀

(3) 이젝터 슬리브 핀

슬리브 핀은 보스 내부 홀의 형상을 포함하는 센터 핀과 함께 사용해야 하며, 직경이 작고 길이가 길수록 가공이 어려워 내경과 외경의 차이가 편측 1.5mm 이상이 바람직하다. 슬리브 핀은 이젝터 플레이트에 조립되어 제품 취출의 역할을 하게 되고, 센터 핀은 하고정판에 조립하여 고정하게 된다.

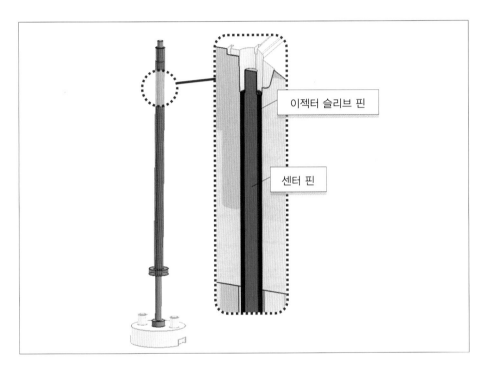

그림 4·74

(4) 슬리브 홀더 블록

슬리브 핀과 함께 사용하는 센터 핀의 경우 일반적으로 하고정판에 고정하게 되어 있다. 이때 센터 핀의 하단에 홀더 블록을 설치하여야 센터 핀이 금형에서 빠지지 않고 고정된다. 홀더 블록은 여러 개의 센터 핀을 하나의 블록에 사용하기도 한다. 블록의 높이는 볼트로 조립하기에 적당한 사이즈로 결정하면 된다.

그림 4·75

(5) 스트리퍼 플레이트

뚜껑과 같이 얇고 넓은 제품의 경우에는 이젝터 핀을 사용하면 균일한 취출이 어려워 제품에 변형 등의 문제가 발생할 수 있다. 이러한 제품은 전체 둘레를 한번에 취출하는 것이 좋은데, 스트리퍼 플레이트 방식을 사용하여 제품을 취출하는 방법에 해당된다. 코어 외측과 스트리퍼 플레이트의 내측의 습합부에 구배가 필요하다.

그림 4·76

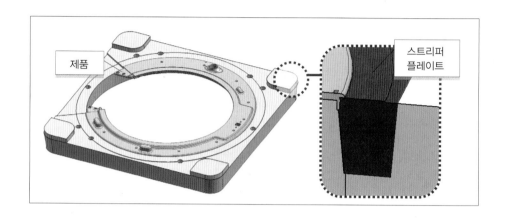

(6) 이젝터 블록

사출제품의 외곽 두께가 전체 둘레에 걸쳐 있는 것이 아니고 부분적으로 얇고 길이가 긴 경우에는 스트리퍼 플레이트를 사용하는 것이 어렵게 된다. 이러한 제품은 부분적으로 블록을 사용하여 스트리퍼 방식으로 이젝팅하게 된다. 이젝터 블록 사용 시에는 이젝터 블록 핀을 함께 사용하여 작동되도록 한다.

그림 4·77

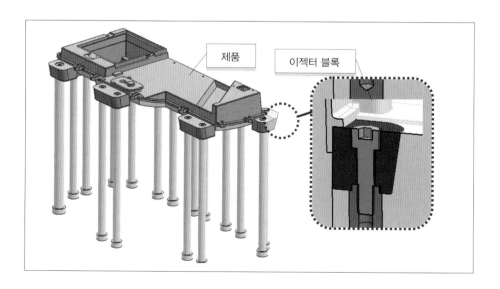

3. 이젝터 플레이트의 조속 귀환 기구

슬라이드 코어를 사용하는 금형 구조에서 슬라이드 코어가 원 위치로 돌아가기 이전에 이젝터 핀이 확실하게 후퇴하지 않으면 이젝터 핀과 슬라이드 코어가 부딪히게 되는 상황이 발생하여 금형이 손상된다. 이러한 사고를 방지하기 위하여 이젝터 플레이트를 귀환시켜 주는 장치를 사용하게 된다.

(1) 스프링에 의한 방법

금형 구조나 가공이 가장 간단한 방법으로 리턴 핀에 스프링을 조립하여 이젝터 플레이트가 후퇴할 때 스프링의 힘을 이용하여 후퇴시킨다.

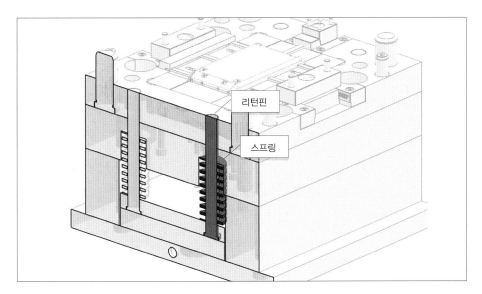

그림 4·78

(2) 링크에 의한 방법

고정측 바를 사용하여 이젝터 플레이트를 링크에 의하여 후퇴시키는 방법이다.

(3) 리미트 스위치

스페이서 블록과 이젝터 플레이트에 각각 부착하여 이젝터 플레이트가 후퇴하게 되면 스위치가 정상적으로 작동하게 되고, 후퇴하지 않으면 스위치가 작동하지 않아 이젝터 플레이트의 후퇴 여부를 확인하게 되는 보조 장치이다.

그림 4·79

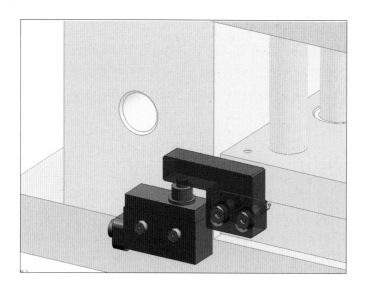

이젝터의 종류와 타입 [표 4·24]

NO	금형 구조	종류	타입	
1	이젝터 플레이트	이젝터 핀	원형 핀	
			각형 핀	
			중간 플랜지붙이	
		슬리브 핀	원형 핀	
		이젝터 블록	블록 & 블록 핀	
		스트리퍼 플레이트	원형 플레이트	
			각형 플레이트	
2	스트리퍼 플레이트	스트리퍼 플레이트	원형 플레이트	
			각형 플레이트	
		공압	에어홀	
			회전빼기	

04 설계 검증

1 설계 체크 리스트

금형설계는 최종의 사출제품을 얻기 위한 다양하고 복잡한 조건을 고려하여 이를 만족시키면서 설계하는 것이 좋은 설계이자 기본 원칙이다. 이러한 최적의 설계 데이터를 얻기 위해서는 체계적으로 금형설계가 되어야 하며, 설계 요소들을 항목별로 체크하여 누락, 수정, 보완해야 한다. 설계자는 체크 리스트를 통하여 자신의 설계 품질을 확인하고, 리스트를 기준으로 설계를 수정 보완하여 검증된 설계를 마무리하게 되는 것이다.

설계 요소 체크 리스트 [표 4·25]

구분	항목	요소	설계 내용	판정	개선 방법
제품	파팅 라인	메인 파팅			
		슬라이드 파팅			
	빼기 구배	공차 범위 내	외측 ( )도		
			내측 ( )도		
		기타			
성형	게이트	위치	( )게이트		
		크기			
	가스 벤트	코어	유( ) 무( )		
		원판	유( ) 무( )		
	냉각 회로	코어	유( ) 무( )		
		원판	유( ) 무( )		
금형	검증	형체력	( ) ton		
		원판 측벽 두께	예측휨량 ( ) mm		
		하원판 바닥 두께	예측휨량 ( ) mm		
		서포트핀	직경 (Ø) 길이 ( ) mm		
		풀러볼트	직경 (Ø) 길이 ( ) mm		
		슬라이드 스프링	사이즈 ( ) 수명 ( ) 만회		

가공	코어	메인 코어	( ) 가공		
			( ) 가공		
		인서트 코어	( ) 가공		
			( ) 가공		
	부품	표준 가공	유( ) 무( )		
		특수 가공	유( ) 무( )		
	몰드 베이스	상고정판	( ) 가공		
		상원판	( ) 가공		
		하원판	( ) 가공		
		밀판	( ) 가공		
		하고정판	( ) 가공		
조립	코어	메인 코어	( ) 조립		
		인서트 코어	( ) 조립		
	밀핀	밀핀 조립	( ) 조립		
	작동 부품	슬라이드	( ) 조립		
		리프터	( ) 조립		
	스프링 수명	슬라이드 스프링	( ) 조립		
	아이볼트	아이볼트			
	성형기	이젝터로드	( )개소		
		금형 크기	X ( ) / Y ( )		
		노즐	R ( )		
		스프루	Ø ( )		
		로케이트링	Ø ( )		
작동	몰드	상고정판~러너판	스트로크 ( ) 록핀 높이 ( )		
		러너판~상원판	스트로크 ( ) 러너높이 ( )		
		이젝팅	스트로크 ( )		
		리턴핀	길이 ( )		
	부품	슬라이드	스트로크 ( ) 언더컷 ( )		
		리프터	스트로크 ( ) 언더컷 ( )		

2 성형 체크 리스트

사출 금형에서는 사출제품의 외관이나 형상 등의 불량으로 사용이 불가능한 경우가 발생된다. 이러한 사출제품 불량 발생이 많아지게 되면, 생산성이 낮아지고 수정 비용 등이 많이 들어가게 되므로 좋지 않다. 사출제품의 불량 현상과 원인을 파악하고 체크하여 방지 대책이나 수정 방안을 마련하여 금형에 반영해야 한다. 물론 금형설계 시에 사출제품 생산 시의 불량 현상에 대하여 고려하여 설계에 반영할 항목은 설계에서 사전에 반영하는 것이 좋다.

사출제품의 불량 현상과 대책 [표 4·26]

불량 현상	불량 원인	대책	설계	성형
1. 충진 부족	성형기 용량 부족	성형기 교체하거나, 호퍼나 계량을 점검한다.		
	미성형	게이트 밸런스 조정하고 러너 및 게이트를 키운다.		
	유동저항	효율이 높은 러너로 변경한다.		
		금형 온도를 높인다.		
	에어 벤트 불충분	에어 벤트를 설치한다.		
2. 플래시 (Flash)	형체력 부족	형체력을 높이고 사출 압력은 낮춘다.		
	금형 변형	받침판, 받침봉을 설치한다.		
	습합 불량	금형의 상, 하 습합을 다시 점검한다.		
3. 싱크 마크 (Sink Mark)	사출 압력이 낮음	스프루, 러너, 게이트 키운다.		
		사출압 높이고, 보압을 준다.		
	수축량이 큼	사출제품 두께와 냉각을 균일하게 조정한다.		
		사출압을 높인다.		
4. 웰드 라인 (Weld Line)	유동성 부족	게이트의 위치나 수량이 변경한다.		
	수지 흐름 부족	수지(금형) 온도를 높여 유동성을 좋게 한다.		
5. 휨, 뒤틀림	냉각 불충분	금형 온도를 내리고, 냉각 시간을 길게 한다.		
		냉각의 효율을 높인다.		
	성형시의 응력	금형 온도를 높이고, 사출 압력을 낮추어 수축률의 차를 적게 한다.		

6. 크랙 (Crack)	이형 불량	빼기 구배를 추가하고 이젝터 핀도 역시 추가한다.		
		사상 작업을 정밀하게 한다.		
	과잉 충전	과잉 충전하면 수지의 내부 응력에 의한 변형이 증가하여 크랙이 발생하므로 수지(금형) 온도를 높이고 사출압을 내린다.		
7. 은줄 (Silver Streak)	수지에 의한 경우	수지를 건조하고, 수지 내의 첨가물이 분해되어 발생되므로 수지의 온도를 내린다.		
8. 얼룩	사상 불량	경면 사상이나 크롬 도금한다.		
	유동성 부족	수지의 온도를 높이고 사출 속도를 올린다.		
9. 기포	사출압 부족	수축 억제를 위해 사출압 높인다.		
		스프루 러너 게이트 키운다.		
10. 제팅 (Jetting)	유동성 부족	콜드 슬러그 웰을 크게 한다.		
		금형과 노즐 온도를 높인다.		

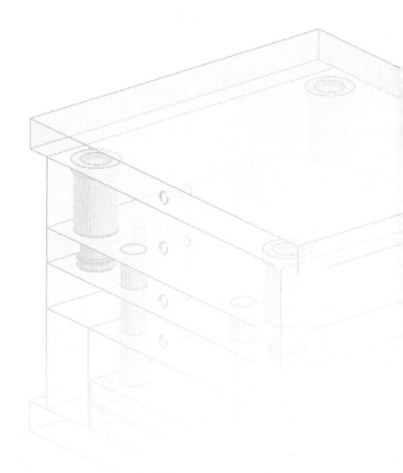

THREE DIMENSIONS INJECTION
MOLD DESIGN & FLOW SYSTEM

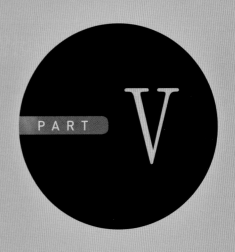

PART V

설계 사례

01 모바일 제품

1. 제품 분류

설계 적용할 제품을 분류해 보고, 설계에 필요한 제품의 주요 기능을 파악한다. 해당 제품은 모바일 쪽의 외장 커버 용도의 제품으로, 외관 상태가 좋아야 하며 충격에 견딜 수 있어야 한다. 또한 제품의 정밀도가 높은 제품에 속하고, 사이즈는 소형에 해당한다.

(1) 설계 제품 (사출제품)

그림 5·1

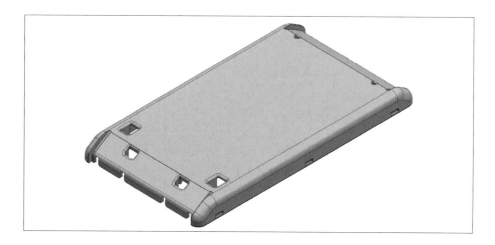

(2) 제품 분류 체크 리스트

제품 분류 체크 리스트 [표 5·1]

NO	항목		분류	비고
1	제품	산업별	전기 (●) 전자 ( ) 자동차 ( )	
			모바일 (●) 의료기 ( ) 일반 ( )	
		형상별	외장 (●) 내장 ( )	
		기능별	고정 (●) 작동 ( )	
		특성별	정밀 (●) 일반 ( )	
2	재료	특성별	내마모성 ( ) 내충격성 (●) 내열성 ( ) 방습성 ( ) 내약품성 ( )	
		재료명	PC+ABS	
		수축률	0.4 %	

3	사이즈	분류	소형 (●) 중형 ( ) 대형 ( )	
		중량	(199)g	
			가로 (80) X 세로 (146) X 높이 (23)	

2. 성형 해석

제품의 분류 작업을 통해 제품을 파악하였다면, 두번째는 성형 해석을 통하여 제품을 실질적으로 생산하기 전에 미리 제품의 성형 상태를 예측해 본다. 예측 결과를 토대로 금형 설계를 위한 최적의 데이터를 수집한다.

(1) 성형 해석 조건

성형 해석을 위해서는 재료에 대한 조건과 성형을 위한 조건을 설정하여 성형 예측을 하게 된다. 해당 커버 제품은 원재료가 PC+ABS 글래스 섬유 등이 포함되어 있지 않은 재료이며, 카탈로그 정보에서 확인한 필요 온도는 높은 편에 속한다. 또한, 공정 조건은 제품의 단면적과 중량 게이트 등을 감안하여 설정하였다.

(2) 재료 조건

재료 조건 [표 5·2]

	항목	내용
1	재료 타입	Thermoplastic
2	총칭	PC+ABS
3	메이커	LG Chemical
4	상호	LUPOY GN−5001TF
5	MFI	MFI(250,2.16)=30 g/10min
6	섬유 퍼센트	0.00 (%)
7	용해 온도 범위	235 − 265 (℃)
8	금형 온도 범위	50 − 80 (℃)
9	취출 온도	115 (℃)
10	고체화 온도	135 (℃)

(3) 공정 조건

사출 조건 [표 5·3]

	항목	내용
1	유동 시간	0.5050 (sec)
2	용해 온도	250.0 (℃)
3	금형 온도	65.0 (℃)
4	사출 압력	121.80 (MPa)
5	사출 체적	40.4483 (cc)
6	보압 시간	3.0000 (sec)
7	보관 유지 압력	174.00 (MPa)
8	충진 체적(%)에 의한 VP 전환	98.00 (%)
9	금형 개폐 시간	5.0000 (sec)
10	취출 온도	115.0 (℃)

(4) 해석 결과

주요 해석 결과 들을 취합하여 제품 성형이나 불량 등의 문제가 없거나, 미미하여 제품에 커다란 영향을 미치지 않는다고 판단되면 성형 해석 결과대로 금형설계를 진행한다.

• 웰드 라인

2번의 해석을 통하여 제품의 게이트를 4개소로 결정하여 해석한 최종 결과 웰드가 없을 수 없으나, 상태가 양호하여 외관과 강도에 영향을 주지 않는다.

그림 5·2

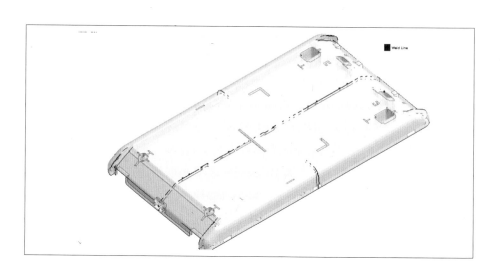

• 에어 트랩

에어 트랩이 일부에서 미미하게 발생되는 것으로 나타나 에어 벤트를 설치하여 에어 트랩 발생을 억제한다.

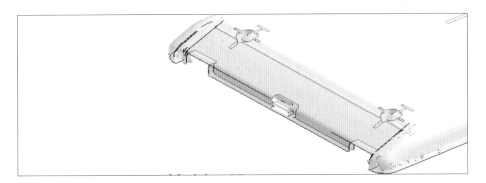

그림 5·3

• 싱크 마크

싱크 마크 예측 결과로 수축 발생 예상 지점을 확인한다. 해당 제품은 두께가 얇고 높이가 높은 리브 윗면에 수축이 발생하여, 제품 설계 변경을 하였다. 리브의 두께를 초기 1.0mm에서 1.4mm로 키워 전체 제품 두께를 균일하게 변경하여 냉각이 균일해지도록 하였다.

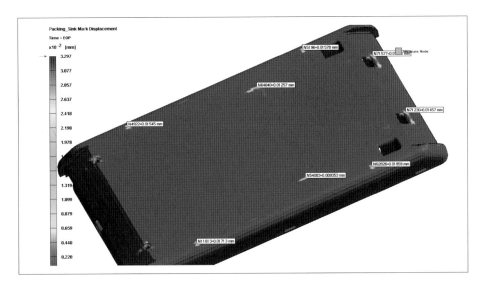

그림 5·4

• 변형

해당 제품의 경우 가장 큰 문제가 변형에서 발생하였다. 해석 결과, 제품이 전반적으로 휘는 현상이 나타났다. 제품 윗면의 두께를 초기 1.6mm에서 1.7mm로 키우고, 냉각의 효율이 높아지도록 수정하였다. 재해석 결과는 변형량이 공차 범위 내로 들어오는 것으로 감소되었다.

그림 5·5

3. 금형설계 사양서

금형설계를 시작하기 전에 사양서를 작성한다. 제품 관련 사양과 금형 제작 관련 사양, 성형 사양으로 나누어 작성한다. 제품 사양에서는 성형 재료와 수축률 등을 정확히 작성해야 하며, 금형 사양에서는 캐비티 수와 금형의 사이즈 언더컷의 유무와 코어 재질, 냉각 방법을 명시하고 이를 토대로 설계한다. 커버 제품에 대한 사양을 다음과 같이 작성하였다.

금형설계 사양서[표 5·4]

구 분	항 목		내 용	비 고
제품	품명		Back Cover	
	품번		1234567	
	도면 데이터		2D ( ), 3D (●)	
	제품 크기		80 X 146 X 23 (mm)	
	중량		199 (g)	
	성형 재료	종류	PC+ABS	
		GRADE	LUPOY GN−5001TF	
	수축률		0.4 (%)	
	후가공		코팅	

금형	캐비티 수		1 X 1
	취출 방법	제품	자동낙하 (●), 로봇 ( ), 수동 ( )
		러너	자동낙하 ( ), 로봇 (●), 수동 ( )
	금형	구조	2단 ( ), 3단 (●), 핫러너 ( )
		사이즈	300 X 350 X 355 (mm)
		중량	278 (kg)
	러너	형식	원형 ( ), 사다리꼴 (●), 반원형 ( )
		사이즈	6 X 5
	게이트	형식	사이드 ( ), 터널 (●), 핀포인트 ( )
		사이즈	Ø0.8 / 4 개소
	언더컷	슬라이드	7 개소
		리프터	4 개소
		기타	없음
	금형 재질	캐비티	STAVAX
		코어	STAVAX
		슬라이드	SKD61
		원판	S45C
	냉각	형식	온수 (●), 오일 ( ), 히터 ( )
		사이즈	Ø 8
	특수 가공		열처리 (●), 부식 ( ), 도금 ( )
사출 성형기	성형기	분류	
		사이즈	170 (ton)
		메이커	XXXXX
	형체 장치	형체력	170 (ton)
		타이바 간격	510 X 510 (mm)
	금형 관련	최소 두께	180 (mm)
		최대 거리	960 (mm)
		이젝터 로드	Ø 40
	노즐 장치	노즐	Ø 3 / R10
		로케이트링	Ø 100
	기타		클램핑 형식

4. 조립도 설계

금형 타입과 사이즈 등을 결정하여 전체 조립도를 완성하는 단계이다. 이 제품의 경우에는 제품이 1캐비티 금형으로 러너와 게이트 위치와 구조 상 핀포인트 타입의 금형으로 선정하고, 금형의 사이즈는 슬라이드 코어 자리를 감안하여 계산하였다. 전체 금형의 타입과 형식을 분류표에서 먼저 설정하고 규격도 표시한다.

금형 타입별 분류 [표 5·5]

NO	구조		타입	해당	규격
1	게이트 형식		핀포인트 타입	●	D TYPE
			사이드 타입		
			핫러너 타입		
2	스트리퍼 플레이트		유		
			무	●	
3	받침판	유	두께 (mm)	●	A TYPE/W=60
		무	무		
4	이젝터 플레이트	유	스페이스 방식		
			포켓 방식	●	M TYPE
		무	무		
5	사이즈	규격	가로 X 세로 (mm)	●	3035
		두께	상원판 (mm)	●	40
			하원판 (mm)	●	40
			스페이스 블록 (mm)	●	70
			매니폴드판 (mm)		
			노즐 백업판 (mm)		
6	가이드 핀	유	표준형	●	S TYPE
			역가이드형		
		무	무		
7	서포트 핀	유	내측, 길이 (mm)	●	IH 290
			외측, 길이 (mm)		
			무		

(1) 몰드베이스 생성

금형 타입을 결정하면서 설정한 규격대로 몰드베이스를 설계한다.

[주문 규격 : DA 3035 40 40 70 SWM IH290]

그림 5·6

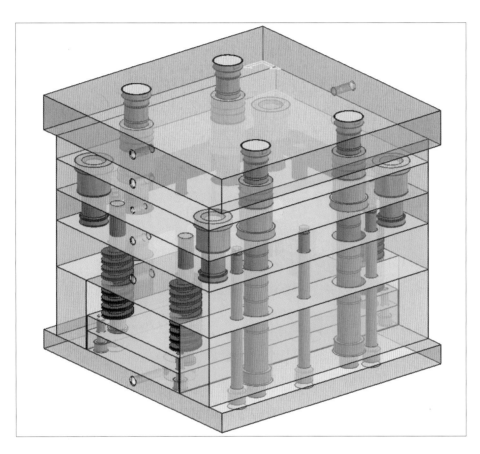

5. 코어 설계

상세 설계로 메인 코어와 캐비티에 대한 설계를 한다. 모바일용 커버의 경우는 파팅이 비교적 단순하여 코어 캐비티의 파팅을 쉽게 찾아 분할할 수 있다. 그러나 사이즈가 작은 반면 가공이 한번에 끝나지 않는 형상들이 많아 가공 공수를 고려하여 인서트 코어 등의 분할 설계가 추가로 되어야 한다. 커버 제품의 경우는 외관 조립품으로 후크부가 있으므로 이 부분은 언더컷 처리 방법을 사용하여야 한다. 코어, 캐비티의 타입을 분류표에서 선택하고, 해당 코어에 재질과 수량 및 규격도 함께 표시한다.

3D 금형설계와 유동 시스템

코어 캐비티의 종류와 타입 [표 5·6]

NO	종류	타입	해당	재질	수량	규격
1	캐비티	독립 코어형	●	STAVAX	1	150 X 220 X 40.96
		원판 일체형				
		2	코어	STAVAX	1	150 X 220 X 49.39
		원판 일체형				
3	인서트 코어	플랜지형	●	STAVAX	1	
					2	
					2	
		탭형				
4	인서트 코어핀	플랜지형	●	SKH51	2	
					2	
5	슬라이드 코어	인서트형	●	STAVAX	7	43.65 X 6.92 X 7.41
		바디 일체형				
6	리프터 코어	인서트형				
		샤프트일체형	●	SKD61	4	12.22 6.00 X 118.39

(1) 파팅 라인 선정

코어 설계의 기준이 되는 파팅 라인은 제품의 하측 외곽을 따라 설정하여 코어와 캐비티로 분할 설계한다. 언더컷에 대한 파팅 라인은 언더컷 외곽 경계보다 크게 임의의 파팅 라인을 생성한다. 후크부 형상에 대한 파팅은 하코어에서 후크 형상 가공하고, 상코어에서 파팅 습합 코어를 설계하는 구조로 되어 있다.

그림 5·7

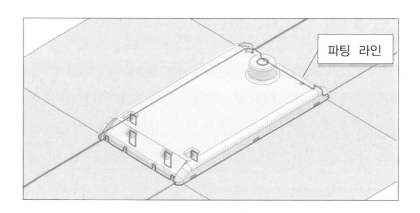

파팅 라인

(2) 코어, 캐비티 설계

파팅 라인을 코어와 캐비티로 분할하고, 형상과 가공을 고려하여 인서트 코어와 코어 핀으로 분할 설계를 추가적으로 한다. 또한 언더컷 형상부가 존재하므로 슬라이드와 리프터 중 해당 코어로 분할하여 설계한다.

A. 코어 설계

커버의 경우 코어 중앙부에 리브 형상 가공을 용이하게 하기 위하여 인서트 코어를 설계하고, 보스의 홀 2개소는 코어 핀으로 분할한다. 그리고 내측 후크 부에 해당하는 언더컷 4개소는 리프터 코어로 분할 설계한다.

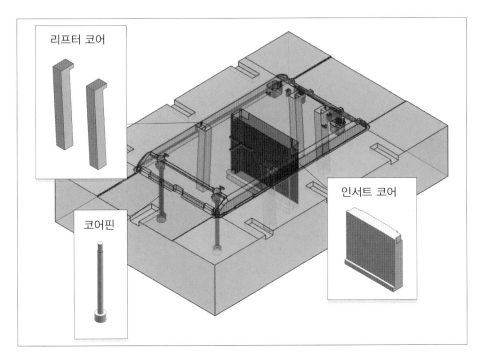

그림 5·8

B. 캐비티 설계

캐비티에는 하코어의 후크 습합부에 해당하는 형상 4개소를 인서트 코어로 설계하여 캐비티의 가공을 쉽게 하였고, 보스 홀 2개소는 역시 캐비티 핀으로 분할하였다. 캐비티에는 제품 외측 언더컷이 포함되어 있어 7개소에 대하여 슬라이드 인서트형 코어로 분할하여 설계하였다.

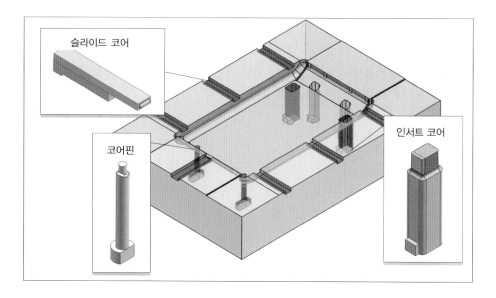

그림 5·9

6. 유동부 설계

이 제품은 1캐비티 금형의 구조로 러너와 게이트의 설계를 복합적으로 하였다. 우선 게이트의 위치는 제품 외곽 4개소에 터널 게이트로 하고, 제품이 외장용이므로 자국이 남지 않도록 밀핀에 게이트를 설치하였다. 그리고 게이트의 위치에 맞게 러너를 핀포인트 게이트 타입의 금형에 사다리꼴 러너와 핀포인트 게이트로 1차 러너를 설계하고, 게이트와 함께 원형의 2차 러너를 설계하였다.

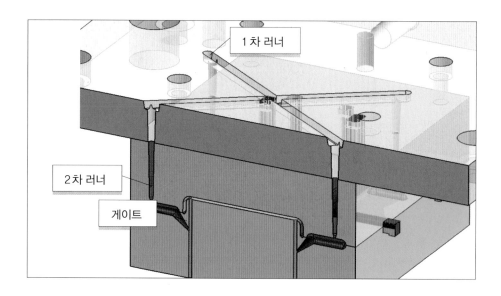

그림 5·10

(1) 러너 설계

러너 분류표를 통해 러너의 타입과 규격을 설정하여 체크한다.

러너의 종류와 타입 [표 5·7]

NO	항목		스프루 타입	러너 타입	해당	규격
1	콜드러너	사이드 타입	스프루 부시	원형	●	Ø6 (코어)
				사다리꼴		
				반원형		
		핀포인트 타입	스프루 부시	사다리꼴	●	5 X 4 (원판)
				반원형		
2	부분러너	사이드 타입	익스텐션 노즐	원형		
				사다리꼴		
				반원형		
		핀포인트 타입	익스텐션 노즐	사다리꼴		
			스프루 부시	인슐레이티드 러너		
3	러너리스	핫러너 타입	핫러너 시스템	러너리스		

A. 캐비티 & 코어 러너

러너는 캐비티와 코어 모두에 게이트의 센터에 맞추어 반원형의 러너로 설계하고, 캐비티에는 핀포인트 타입의 금형 구조에 맞추어 러너 스트리퍼판과 연결되는 핀포인트 게이트를 추가로 설치하였다.

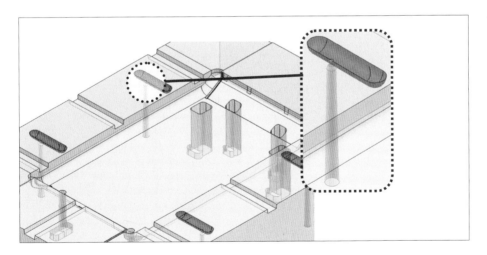

그림 5·11

B. 러너판 러너

스프루 부시를 통과한 수지가 게이트로 흘러 들어갈 수 있도록 캐비티 상단 러너판에 사다리꼴의 러너 십자형으로 설계하여 게이트 간 러너의 밸런스를 맞춘다. 그리고 게이트

센터에 2차 핀포인트 게이트 부분을 설계한다.

그림 5·12

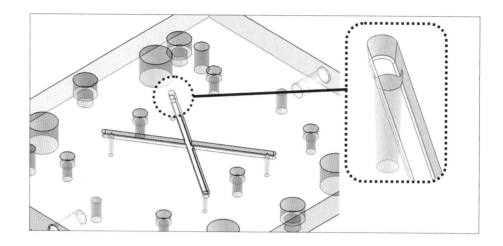

(2) 게이트 설계

러너와 마찬가지로 게이트 역시 타입과 형상을 분류표에서 체크하고, 사이즈로 표시한다.

게이트의 종류와 타입 [표 5·8]

NO	타입		형상	해당	규격
1	표준 게이트	사이드 타입	사이드 게이트		
			오버랩 게이트		
			필름 게이트		
			팬 게이트		
			링 게이트		
			디스크 게이트		
			서브마린 게이트	●	Ø0.8
			탭 게이트		
			다단 게이트		
		핀포인트 타입	핀포인트 게이트		
2	비표준 게이트	사이드 타입	다이렉트 게이트		
3	핫러너 게이트	핫러너 타입	오픈 게이트		
			밸브 게이트		
			세미밸브 게이트		

A. 코어

터널 게이트로 4개소 설계한다. 게이트 직경은 성형 후 필요에 따라 수정할 수 있으므로 추가 가공이 가능하도록 Ø0.8로 설계하였다. 게이트 각도는 게이트가 코어에 박히지 않고 빠져 나오기 좋도록 해야 한다.

그림 5·13

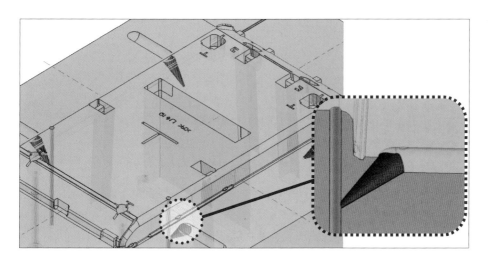

7. 언더컷 설계

이 제품은 외관 조립품으로 내측에 조립을 위한 후크부 등의 언더컷이 존재하고 있다. 외측 언더컷은 슬라이드로 설계하고 내측 언더컷은 리프터로 설계하여 언더컷 취출을 하도록 한다.

(1) 슬라이드 설계

슬라이드 종류 분류표에서 설계에 적용할 슬라이드 타입을 종류별로 선택하여 선정하고, 규격도 표기한다.

슬라이드의 종류와 타입 [표 5·9]

NO	종류	타입	해당	규격
1	슬라이드 바디	코어 일체형		
		코어 인서트형	●	55 x 33 x 30
2	가이드 레일	홈붙이형	●	65 x 16 x 20
		일자형		
3	로킹블록	인로우형	●	35 x 30 x 20
		원판 일체형		

4	슬라이드 조정블록	유		
			●	
5	앵귤러	핀형	●	Ø12 x 38.62
		탭형		
6	앵귤러 블록	유		
		무	●	
7	위치결정	볼플런저		
		스토퍼 블록형	●	
		스토퍼 핀형		
		볼트형	●	

인서트형 슬라이드 코어 & 부품

슬라이드 코어부는 인서트 코어로 설계하여 슬라이드 바디에 조립할 수 있도록 하였다. 로킹블록 역시 인로우형으로 설계하고 앵귤러 핀을 조립하여 금형에서 분해가 쉽도록 하였고, 가이드 레일의 슬라이드 바디와의 작동 습합면에는 오일 홈을 설치하여 마찰을 줄였다. 또한 위치결정 부품으로 스프링을 사용하여 슬라이드 바디가 후퇴한 상태에서 전진하지 못하도록 하고, 볼트로 스트로크 만큼만 슬라이드 바디를 후퇴하도록 하였다.

그림 5·14

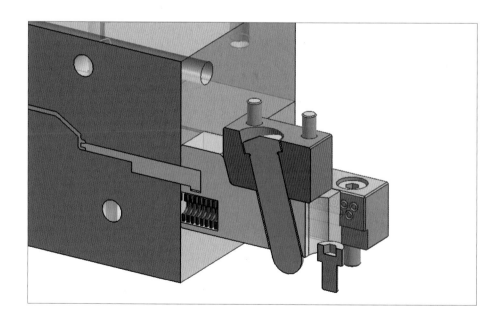

(2) 리프터 설계

리프터의 종류를 분류표에서 선택하여 체크하고, 규격도 표기한다.

리프터의 종류와 타입 [표 5·10]

NO	종류		타입	해당	규격
1	리프터 코어		샤프트 일체형		
			인서트형		
2	리프터 샤프트		각형	●	8 × 10 × 86.98
			원통형		
3	가이드 블록		유		
			무		
4	슬라이드 레일	블록	슬라이드 블록		
		유닛	슬라이드 베이스 & 샤프트 홀더		
5	이젝터 앵귤러 핀		원형		
			각형	●	12 × 12 × 55

① 각형 앵귤러 핀 리프터 코어 & 부품

이 제품의 경우는 사이즈가 작은 소형 금형에 속하는 제품이다. 따라서 리프터 부품도 사이즈가 작고, 간편하게 사용 가능한 타입을 선정하여 설계에 적용하는 것이 좋다. 언더컷 4개소에 리프터 코어를 각형의 샤프트와 일체형으로 설계하고, 슬라이드 레일은 별도로 없이 이젝터 앵귤러 핀으로 조립하여 이젝터 핀과 같은 역할을 할 수 있도록 한다. 리프터 샤프트는 이젝터 앵귤러 핀 안에서 스트로크만큼 움직이며 작동하게 된다.

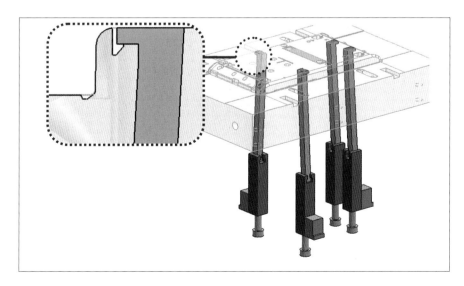

그림 5·15

8. 냉각 설계

제품은 작으나 변형이 많이 가는 커버류의 제품이므로 냉각 효과가 높은 것이 좋다. 캐비티와 코어에 각각의 라인 냉각을 설계하였다. 라인은 제품 전체 둘레에 걸쳐 냉각이 지나가도록 사각형의 회로로 설계하고, 원판에서 입구와 출구로 연결되도록 하였다.

분류표에서 냉각의 방법 및 종류를 선택하여 체크한다.

냉각의 종류와 타입 [표 5·11]

NO	구분		종류	냉각 회로	해당	규격
1	코어	캐비티 (●) 코어 (●)	라인 냉각	일자형 회로		
				사각형 회로	●	Ø8
			탱크 냉각	배플 플레이트 회로		
				냉각 파이프 회로		
				냉각 회로판		
2	원판	고정측 ( ) 이동측 (●) 핫러너 ( )	라인 냉각	일자형 회로		
				사각형 회로		
				코어 보조 회로	●	
3	부품	슬라이드 ( ) 리프터 ( ) 인서트 ( ) 밀핀 ( )	라인 냉각	일자형 회로		
				사각형 회로		
			탱크 냉각	배플 플레이트 회로		
				냉각 파이프 회로		

(1) 코어 냉각

코어에 사각 회로의 냉각을 설계하였다. 이젝터 핀 홀의 위치와 간섭되지 않도록 체크하면서 설계하는 것이 좋다.

그림 5·16

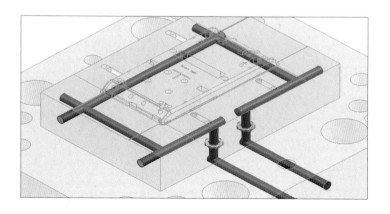

(2) 캐비티 냉각

캐비티에도 역시 사각 회로의 냉각 라인을 설계하였으며, 냉각의 입구와 출구는 바로 코어의 입구와 출구에서 시작되도록 장니플을 조립하였다.

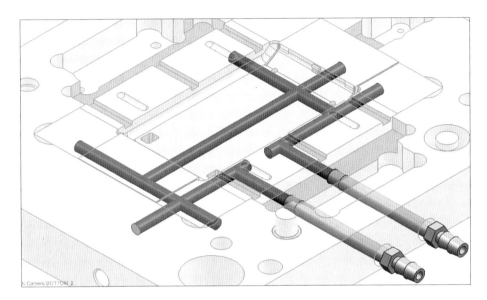

그림 5·17

9. 이젝팅 설계

제품 안쪽은 조립되어 외관으로 들어나지 않으므로 이젝터 핀을 비교적 자유롭게 배치하고 설계하였다. 리프터가 이젝터의 역할을 해주는 것을 감안하여 이젝터 핀을 배치하였다.

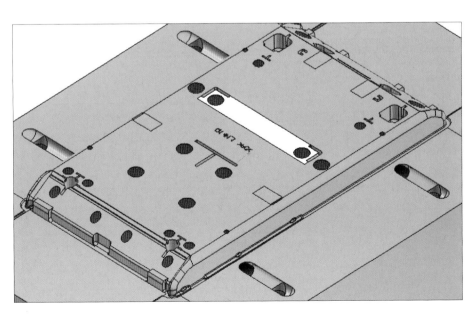

그림 5·18

이젝터의 종류와 타입 [표 5·12]

NO	금형 구조	종류	타입	해당	규격
1.	이젝터 플레이트	이젝터 핀	원형핀	●	
			각형핀		
			중간 플랜지붙이		
		슬리브 핀	원형핀		
		이젝터 블록	블록 & 블록핀		
		스트리퍼 플레이트	원형 플레이트		
			각형 플레이트		
2	스트리퍼 플레이트	스트리퍼 플레이트	원형 플레이트		
			각형 플레이트		
		공압	에어홀		
		모터	회전빼기		

10. 설계 체크 리스트

설계가 마무리 되고나면 설계 데이터를 체크 리스트를 통하여 누락되거나 잘못된 부분을 찾고 검증할 수 있다. 설계 요소별로 설계 내용을 기입하고, 데이터를 확인하여 잘되었으면 Good 판정을 내리고, 설계가 잘못된 항목은 NG 판정을 내린다. 다 작성한 후에 NG 항목에 대하여 설계 데이터를 수정하고, 개선 방법에 내용을 기입한다. 커버의 경우 체크 리스트를 통해 네가지 항목에 대하여 수정하여 설계를 완료하였다.

설계 체크 리스트 작성 [표 5·13]

구분	항목	요소	설계 내용	판정	개선 방법
제품	파팅 라인	메인 파팅	제품 외곽 선단부	G	
		슬라이드 파팅	언더컷 외곽에서 연장함	G	
	빼기 구배	공차 범위 내	외측 (1)도	G	
			내측 (0.5)도	G	
		기타	리브 2도	G	
성형	게이트	위치	(터널)게이트	G	
		크기	Ø0.8	G	TRY 후 수정 가능
	가스 벤트	코어	유( ) 무(●)	NG	TRY 후 추가함
		원판	유( ) 무(●)	NG	TRY 후 추가함

금형	냉각 회로	코어	유(●) 무( )	G	
		원판	유( ) 무(●)	G	
	검증	형체력	(128) ton	G	
		원판 측벽 두께	예측휨량 (0.01) mm	G	
		하원판 바닥 두께	예측휨량 (0.3) mm	NG	받침봉 4개소 설치
		서포트핀	직경 (Ø30) 길이 (290) mm	G	
		풀러볼트	직경 (Ø13) 길이 (180) mm	G	길이 200으로 변경
		슬라이드 스프링	사이즈 (10X20) 수명 (30) 만회	G	
가공	코어	메인 코어	(방전) 가공	G	
			(고속) 가공	G	
		인서트 코어	(와이어) 가공	G	
			(연삭) 가공	G	
	부품	표준 가공	유(●) 무( )	G	
		특수 가공	유( ) 무(●)	G	
	몰드 베이스	상고정판	(NC) 가공	G	
		상원판	(NC)가공	G	
		하원판	(NC) 가공	G	
		밀판	(NC) 가공	G	
		하고정판	(NC) 가공	G	
조립	코어	메인 코어	(볼트) 조립	G	
		인서트 코어	(플랜지) 조립	G	백플레이트
	밀핀	밀핀 조립	( ) 조립	NG	밀판에 밀핀 번호 각인
	작동 부품	슬라이드		G	
		리프터		G	
	스프링 수명	슬라이드 스프링	슬라이드 바디에 홀가공 조립	G	
	아이 볼트	아이볼트	M16	G	
	성형기	이젝터로드	(3)개소	G	
		금형 크기	X (250) / Y (300)	G	
		노즐	R (11)	G	
		스프루	Ø (3.5)	G	
		로케이트링	Ø (100)	G	

작동	몰드	상고정판~ 러너판	스트로크 (10) 록핀 높이 (5)	G	
		러너판~ 상원판	스트로크 (115) 러너 높이 (119)	NG	풀러볼트 길이 200로 수정하여 스트로크 140 으로 변경
		이젝팅	스트로크 (45)	G	
		리턴핀	길이 (100)	G	40% 압축
	부품	슬라이드	스트로크 (5) 언더컷 (1.5)	G	
		리프터	스트로크 (5) 언더컷 (3)	G	

그림 5·19
이동축

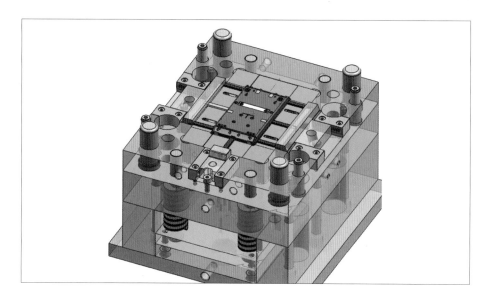

그림 5·20
가동축

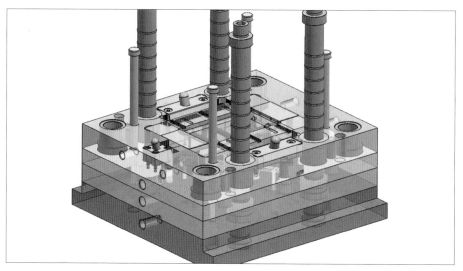

1. 제품 분류

아래 설계할 제품은 가전의 외장 커버 프레임 제품에 해당한다. 기능으로는 외장 용도이므로 외관 상태와 조립성 등에서 관리가 되어야 한다. 제품의 정밀도는 그리 높지는 않은 일반 제품이며, 사이즈는 중형에 해당된다.

(1) 설계 제품

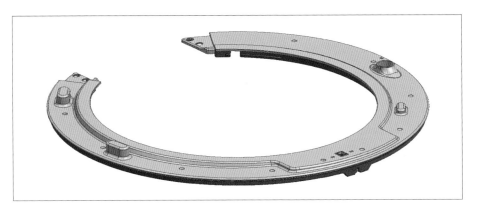

그림 5·21

제품 분류 체크 리스트 [표 5·14]

NO	항목		분류	비고
1	제품	산업별	전기 ( ) 전자 (●) 자동차 ( )	
			모바일 ( ) 의료기 ( ) 일반 ( )	
		형상별	외장 (●) 내장 ( )	
		기능별	고정(●) 작동 ( )	
		특성별	정밀 ( ) 일반 (●)	
2	재료	특성별	내마모성 ( ) 내충격성 (●) 내열성 ( ) 방습성 ( ) 내약품성 ( )	
		재료명	PP	
		수축률	1.2 %	
3	사이즈	분류	소형 ( ) 중형 (●) 대형 ( )	
		중량	(347.53) g	
		크기	가로 (554) X 세로 (581) X 높이 (37.5)	

2. 성형 해석

제품이 원형의 프레임으로 형상이 한쪽이 열린 상태이므로 변형의 가능성이 꽤 높아 보이지만, 육안으로나 느낌만으로는 판단하기 힘든 제품이다. 성형 해석을 통해 사전에 성형 예측을 해보는 것이 바람직하다.

(1) 성형 해석조건

성형 재료는 PP로서 유동성이 좋은 수지에 속하며, 온도 범위가 넓은 편에 속하는 재료이다. 성형하기에는 좋은 재료이나, 후변형에 대비할 필요가 있다. 사출조건은 제품의 사출체적을 감안하여 설정하였다.

(2) 재료조건

재료조건 [표 5·15]

NO	항목	내용
1	재료 타입	Thermoplastic
2	총칭	PP
3	메이커	LG Chemical
4	상호	LUPOY TE-5208
5	MFI	MFI(230,2,16)=30g/10min
6	섬유 퍼센트	0.00 (%)
7	용해 온도 범위	190 – 230 (℃)
8	금형 온도 범위	20 – 70 (℃)
9	취출 온도	126 (℃)
10	고체화 온도	146 (℃)

(3) 사출조건

사출조건 [표 5·16]

	항목	내용
1	유동 시간	1.5900 (sec)
2	용해 온도	210.0 (℃)
3	금형 온도	45.0 (℃)
4	사출 압력	140.00 (MPa)

5	사출 체적	421.932 (cc)
6	보압 시간	5.1400 (sec)
7	보관 유지 압력	140.00 (MPa)
8	충진 체적(%)에 의한 VP 전환	98.00 (%)
9	금형 개폐 시간	5.00 (sec)
10	취출 온도	126.0 (℃)

(4) 해석 결과

주요 해석 결과들을 취합하여 제품 성형이나 불량 등의 문제가 없거나, 미미하여 제품에 커다란 영향을 미치지 않는다고 판단되면 성형 해석 결과대로 금형설계를 진행한다.

• 웰드 라인

게이트를 제품에 균등하게 3개소를 설치하는 것으로 성형 해석한 결과 웰드 라인이 거의 없는 수준으로 양호한 결과를 나타내므로 제품의 외관 및 강도에 영향이 없을 것으로 판단된다.

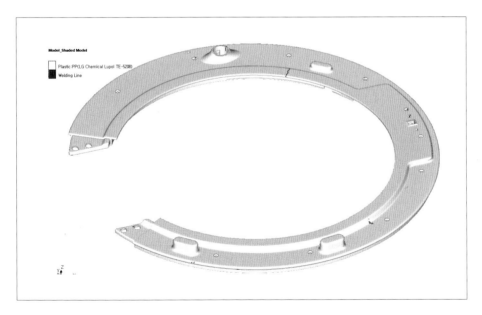

그림 5·22

• 에어 트랩

에어 트랩이 제품의 전 구간에서 아래쪽으로 많이 발생하고 있으므로 에어 벤트를 충분히 한다.

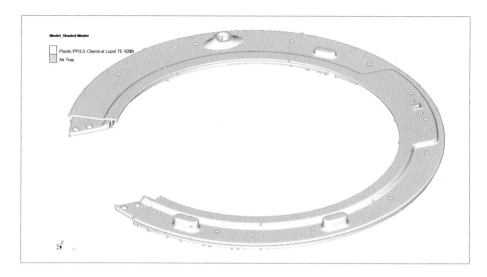

그림 5·23

• 싱크 마크

해석 결과 싱크 마크가 제품 내부 리브 윗면에 제품 둘레를 따라서 전반적으로 발생하고 있다. 제품 윗면의 두께는 3.0mm이고, 리브의 두께는 2.0mm이다. 따라서 두께 편차에 따른 냉각 시의 수축이 발생하는 것으로 판단된다. 그러나 조립부로 제품 설계 변경을 할 수 없으므로 냉각 효율을 높이고, 사출압을 조절하여 해결한다.

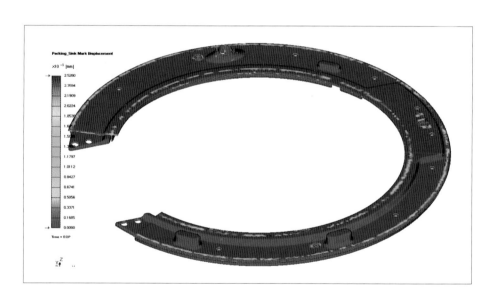

그림 5·24

• 변형

제품 전반적으로 변형이 많이 되는 것으로 해석 결과가 나왔다. 균일하게 변형이 일어난 상태가 아니므로 냉각을 최대한 많이 하고, 제품에 응력이 최대한 발생하지 않도록 압력 등을 높이지 않는 것이 좋다.

그림 5·25

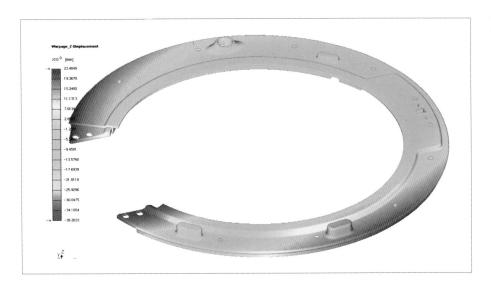

3. 금형설계 사양서

금형설계를 시작하기 전에 사양서를 작성한다. 제품 관련 사양과 금형 제작 관련 사양, 성형 사양으로 나누어 작성한다. 제품 사양에서는 성형 재료와 수축률 등을 정확히 작성해야 하며, 금형 사양에서는 캐비티 수와 금형의 사이즈 언더컷의 유무와 코어 재질, 냉각방법을 명시하고 이를 토대로 설계하는 것이 좋다. 커버 프레임에 대한 사양은 아래와 같이 작성하였다.

[표 5·17] 금형설계 사양서

구 분	항 목			내 용	비 고
제품		품명		Cover Frame	
		품번		0001150A	
		도면 데이터		2D ( ), 3D (●)	
		제품 크기		554 X 581 X 37.5 (mm)	
		중량		347.53 (g)	
	성형 재료	종류		PP	
		GRADE		LUPOY LUPOY TE-5208	
		수축률		1.2 (%)	
		후가공			
금형		캐비티 수		1 X 1	
	취출 방법	제품		자동낙하 (●), 로봇 ( ), 수동 ( )	
		러너		자동낙하 (●), 로봇 ( ), 수동 ( )	

금형	금형	구조	2단 ( ), 3단 ( ), 핫러너 (●)
		사이즈	900 X 900 X 780 (mm)
		중량	4562 (kg)
	러너	형식	원형 (●), 사다리꼴 ( ), 반원형 ( )
		사이즈	Ø10
	게이트	형식	사이드 ( ), 터널 (●), 핀포인트 ( )
		사이즈	Ø1.2 / 3 개소
	언더컷	슬라이드	0 개소
		리프터	4 개소
		기타	없음
	금형 재질	캐비티	KP4
		코어	KP4
		슬라이드	
		원판	S45C
	냉각	형식	온수 (●), 오일 ( ), 히터 ( )
		사이즈	Ø 12
	특수 가공		열처리 ( ), 부식 (●), 도금 ( )
사출 성형기	성형기	분류	소형 ( ), 중형 (●), 대형 ( )
		사이즈	850 (ton)
		메이커	XXXXX
	형체 장치	형체력	850 (ton)
		타이바간격	1110 X 1110 (mm)
	금형 관련	최소 두께	500 (mm)
		최대 거리	2300 (mm)
		이젝터로드	Ø 50
	노즐 장치	노즐	Ø 6 / R19
		로케이트링	Ø 100
	기타		자동 클램프 형식

4. 조립도 설계

금형 타입과 사이즈 등을 결정하여 전체 조립도를 완성하는 단계이다. 프레임의 경우에는 1캐비티 금형으로 핫러너를 사용하며, 게이트는 사이드 게이트로 성형하는 구조이다. 그러므로 핫러너 타입의 금형으로 조립도를 설계한다. 프레임의 금형 타입과 규격을 금형 분류표에서 선택하고 표시한다.

금형 타입별 분류 [표 5·18]

NO	구조		타입	해당	규격
1	게이트 형식		핀포인트 타입		
			사이드 타입		
			핫러너 타입	●	S TYPE
2	스트리퍼 플레이트		유		
			무	●	
3	받침판	유	두께 (mm)		
		무	무	●	A TYPE
4	이젝터 플레이트	유	스페이스 방식		
			포켓 방식	●	M TYPE
		무	무		
5	사이즈	규격	가로 X 세로 (mm)	●	9090
		두께	상원판 (mm)	●	110
			하원판 (mm)	●	190
			스페이스 블록 (mm)	●	250
			매니폴드판 (mm)	●	70
			노즐 백업판 (mm)	●	40
6	가이드핀	유	표준형	●	S TYPE
			역가이드형		
		무	무		
7	서포트핀	유	내측, 길이 (mm)		
			외측, 길이 (mm)		
		무	무	●	

(1) 몰드베이스 생성

금형 타입을 결정하고, 필요한 규격으로 몰드베이스를 생성, 발주한다.

[주문 규격 : SA TYPE 9090 11 19 25 S-M]

그림 5·26

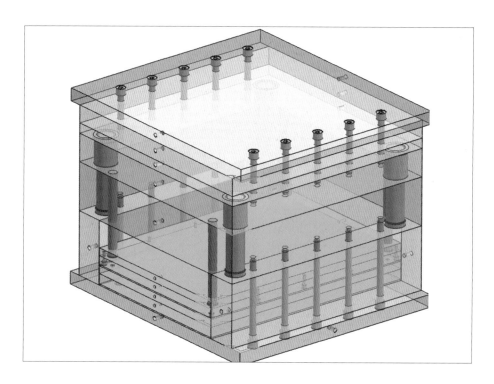

5. 코어 설계

조립도 설계가 끝나고 나면 코어에 대한 설계를 하게 된다. 가전 전자 쪽의 제품은 종류가 다양하여 그 형상에 따른 파팅이나 설계 방법이 제품마다 다른 경우가 많다. 커버 프레임의 경우에는 파팅이 복잡한 제품은 아니지만, 외관 제품이므로 외관 면에 파팅 라인이 생기지 않도록 설정한다. 조립되는 힌지부 언더컷 처리 방법은 리프터로 취출하며, 코어에서 리프터 코어부를 인서트형으로 설계한다.

코어 캐비티의 종류와 타입 [표 5·19]

NO	종류	타입	해당	재질	수량	규격
1	캐비티	독립 코어형	●	KP4	1	660 X 660 X 65.06
		원판 일체형				
2	코어	독립 코어형	●	KP4	1	680 X 670 X 75.00
				KP4	1	590 X 590 X 117.21
		원판 일체형				

3	인서트 코어	플랜지형	●	KP4	1	14.1 X 10.2 X 55.3
				KP4	2	5.5 X 7.0 X 69.8
		탭형	●	KP4	3	50.2 X 29.7 X 28.4
				KP4	1	60.1 X 28.7 X 38.4
4	인서트 코어핀	플랜지형	●	KP4	1	26.00 X 75.29
				KP4	2	14.00 X 100.00
5	슬라이드 코어	인서트형				
		바디 일체형				
6	리프터 코어	인서트형	●	KP4	2	202.7 X 77.6 X 79.5
				KP4	2	102.8 X 64.2 X 78.5
		샤프트 일체형				

(1) 파팅 라인 선정

프레임의 메인 파팅 라인은 제품 하단 외곽을 따라 설정하여 코어와 캐비티로 분할한다. 외측에는 언더컷이 없으므로 연장된 임의의 파팅 라인 등은 없다. 제품 중간 후크부 형상에 대한 파팅은 하코어에서 후크 형상 가공하고, 상코어에서 파팅 습합 코어를 설계하는 구조로 되어 있다.

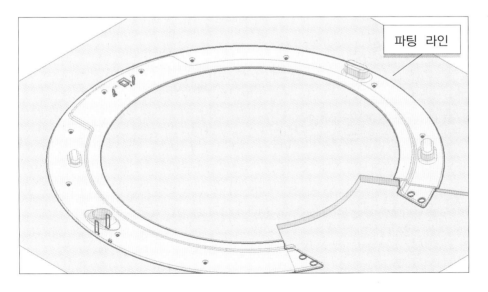

그림 5·27

파팅 라인

(2) 코어, 캐비티 설계

파팅 라인을 따라 코어와 캐비티로 분할하고, 형상과 가공의 편의성을 고려하여 인서트 코어와 코어핀으로 분할 설계를 한다. 또한 힌지에 대한 언더컷 형상부는 인서트형 리프

터 코어로 설계하며, 제품 외곽에 힌지부에 대한 가공 및 취출을 위하여 스트리퍼 코어로
작동하는 방식으로 설계한다.

A. 코어

메인 코어는 외곽을 원형으로 설계하여 스트리퍼 코어와의 작동 습합부에 각도를 주었으
며, 리프터용 인서트 코어와 볼트로 체결하는 러너, 게이트 수정 가공용 인서트 코어 3개
소, 형상 가공의 편의성을 위해 인서트 코어로 분할할 코어 1개소로 설계를 하였다.

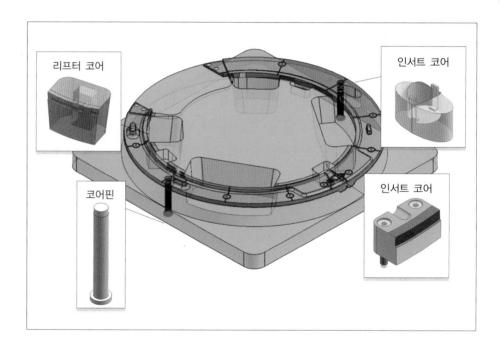

그림 5·28

B. 스트리퍼 코어

스트리퍼 코어 내부에 힌지 언더컷을 가공하고, 제품 취출 시에 스트리퍼 코어가 제품을
밀어올린 후, 이젝터 핀이 스트리퍼 코어에서 제품을 취출하게 된다. 스트리퍼 코어와 하
코어의 작동 면에는 습합 구배를 $5° \sim 10°$ 정도를 주는 것이 좋다. 스트리퍼 코어는 작동을
위하여 이젝터 핀과 볼트로 체결하도록 조립용 볼트 홀이 있어야 한다.

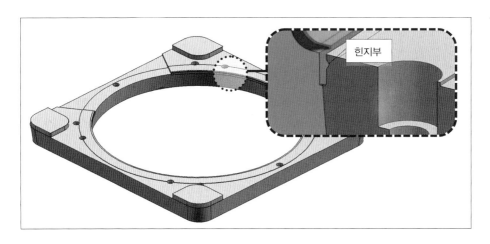

그림 5·29

힌지부

C. 캐비티

인서트 코어 설계를 하고, 제품 전체 둘레에 걸쳐서 외곽 파팅에 에어 벤트를 설치하여 에어 트랩에 대비할 수 있게 한다. 코어 외곽 모서리에 인로우를 설치하여 스트리퍼 코어와의 습합을 잘 맞출 수 있게 한다.

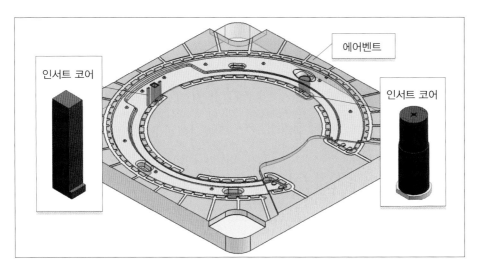

그림 5·30

에어벤트

인서트 코어

인서트 코어

6. 유동부 설계

이 제품은 1캐비티에 핫러너가 적용되는 금형이다. 핫러너 금형이지만 성형부에 다이렉트 게이트를 설치하는 구조가 아니라, 부분 러너가 있고 러너에 핫러너 게이트를 설치하여 성형한다. 게이트는 3점의 사이드 게이트이며, 게이트부 수정을 용이하게 하기 위해 게이트부는 인서트 코어로 설계하였다.

그림 5·31

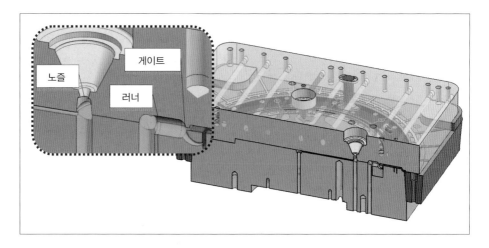

(1) 러너 설계

러너 분류표를 통해 러너의 타입과 규격을 설정하여 체크한다. 핫러너 시스템의 부분 러너 적용으로 두가지 타입을 설계 구조에 맞춰 혼용하여 사용하기도 한다.

러너의 종류와 타입[표 5·20]

NO	항목		스프루 타입	러너 타입	해당	규격
1	콜드 러너	사이드 타입	스프루 부시	원형		
				사다리꼴		
				반원형		
		핀포인트 타입	스프루 부시	사다리꼴		
				반원형		
2	부분 러너	사이드 타입	익스텐션 노즐	원형	●	Ø10
				사다리꼴		
				반원형		
		핀포인트 타입	익스텐션 노즐	사다리꼴		
			스프루 부시	인슐레이티드 러너		
3	핫러너		핫러너	러너리스	√	

(2) 게이트 설계

러너와 마찬가지로 게이트 역시 타입과 형상을 분류표에서 체크하고, 사이즈로 표시한다.

게이트의 종류와 타입 [표 5·21]

NO	타입		형상	해당	규격
1	표준 게이트	사이드 타입	사이드 게이트		
			오버랩 게이트		
			필름 게이트		
			팬 게이트		
			링 게이트		
			디스크 게이트		
			서브마린 게이트	●	Ø1.2
			탭 게이트		
			다단 게이트		
		핀포인트 타입	핀포인트 게이트		
2	비표준 게이트	사이드 타입	다이렉트 게이트		
3	핫러너 게이트	핫러너 타입	오픈 게이트		
			밸브 게이트	●	Ø1.2
			세미밸브 게이트		

A. 캐비티

캐비티에는 반원형의 러너를 U자형으로 설계하고, 게이트는 사이드 게이트로 설계하였다. 러너를 U자형으로 한 것은 수지가 충진될 때 굳은 수지가 제품으로 유입되는 것을 막고, 수지의 압력을 조절하기 위한 설계 방법이다. 또한 러너의 중간에 노즐을 배치하여 핫러너 시스템을 설계에 적용하였다. 코어에는 노즐이 조립될 포켓 형상을 설계한다.

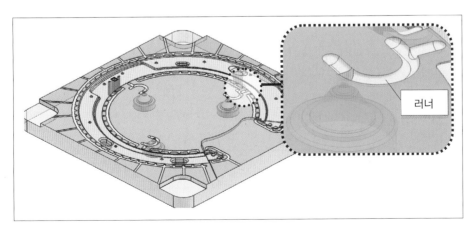

그림 5·32

러너

B. 코어

코어에도 역시 반원형의 러너를 U자형으로 설계하고, 러너 끝단에 에어 벤트를 추가하였다. 세곳의 러너를 하나로 이어주는 얇은 보조 러너를 설계하여 러너 취출 시에 편의성을 생각하였다.

그림 5·33

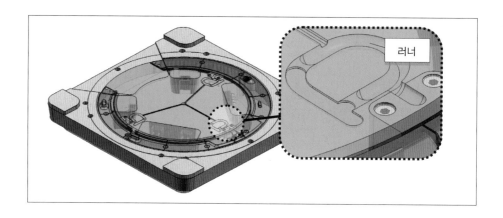

7. 언더컷 설계

커버 프레임은 외장 제품이면서 조립품으로 내측에 힌지부의 언더컷이 존재하고 있다. 외측 리브의 힌지부는 스트리퍼 코어로 설계하였고, 내측 리브에 있는 힌지부 4개소에 대하여 리프터로 설계하여 언더컷 취출을 하도록 한다. 리프터 코어는 인서트형으로 코어 분할 설계를 하였다.

(1) 리프터 설계

리프터의 종류를 분류표에서 선택하여 체크하고, 규격도 표기한다.

리프터의 종류와 타입 [표 5·22]

NO	종류		타입				규격
1	리프터 코어		샤프트 일체형				
			인서트형		●		
2	리프터 샤프트		각형	●	원형		
3	가이드 블록		유	●	무	●	
4	슬라이드 레일	블록	슬라이드 블록				
		유닛	슬라이드 베이스&홀더				
			샤프트 홀더				
5	이젝터 앵귤러 핀		원형		각형	●	

(2) 인서트형 리프터 코어 & 부품

커버 프레임은 제품의 사이즈가 큰 편이다. 따라서 리프터도 중대형 금형에서 일반적으로 사용하는 타입을 선정하여 설계에 적용하였다. 언더컷 4개소는 인서트형 리프터 코어로 설계하고, 각형의 샤프트와 볼트 체결하도록 한다. 이러한 타입은 리프터에 냉각을 할수 있는 공간이 있어 냉각 효과를 높일 수 있다.

슬라이드 레일 부품은 블록에 샤프트를 맞춤핀으로 조립하여 작동하는 방식으로 설계하였다. 슬라이드 블록은 이젝터 플레이트가 작동하면 스트로크 만큼 움직이며, 리프터 코어를 언더컷으로부터 빼낸다.

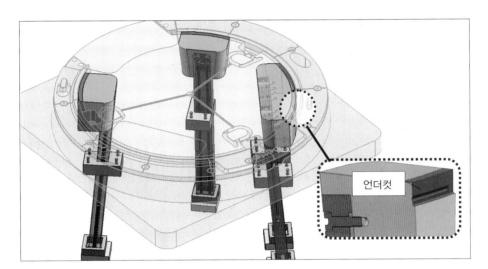

그림 5·34

8. 냉각 설계

변형이 많이 발생되는 커버류의 제품이므로 냉각 효과가 높은 것이 좋다. 제품이 높이가 높은 제품은 아니므로 코어와 캐비의 두께가 두껍지 않다. 캐비티와 코어에 라인과 탱크 냉각을 적절히 배치하여 냉각 효과를 높이고자 하였다. 분류표에서 냉각의 방법 및 종류를 선택하여 체크한다.

냉각의 종류와 타입 [표 5·23]

NO	구분		종류	냉각 회로	해당
1	코어	캐비티 (●) 코어 (●)	라인 냉각	일자형 회로	●
				사각형 회로	
			탱크 냉각	배플 플레이트 회로	●
				냉각 파이프 회로	
				냉각 회로판	

2	원판	고정측 (●) 이동측 (●) 핫러너 ( )	라인 냉각	일자형 회로	
				사각형 회로	
				코어 보조 회로	●
3	부품	슬라이드 ( ) 리프터 (●) 인서트 ( ) 밀핀 ( )	라인 냉각	일자형 회로	
				사각형 회로	●
			탱크 냉각	배플 플레이트 회로	
				냉각 파이프 회로	

A. 코어 냉각

코어의 센터쪽에 탱크 냉각 회로와 바깥쪽의 탱크 냉각으로 나누어 설계하였다. 센터쪽의 냉각은 입구와 출구를 하나로 하여 냉각이 되도록 설계하였고, 바깥쪽의 탱크 냉각은 냉각별로 입구와 출구를 유지하도록 모두 하나의 입구와 출구를 가지도록 설계하였다.

그림 5·35

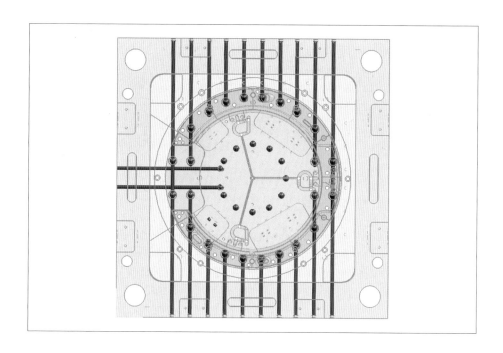

B. 캐비티 냉각

라인 냉각과 탱크 냉각을 같이 설계하였다. 라인 냉각은 일자형의 회로를 병렬로 설계하고, 원판에서 입구와 출구로 일대일로 연결되도록 하였다.

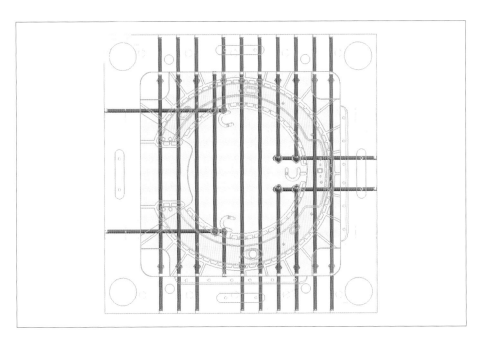

그림 5·36

9. 이젝터 기구 설계

스트리퍼 코어를 작동시켜 제품을 밀어올려야 하므로 스트리퍼 코어와 밀핀 10개소를 볼트로 조립하도록 설계하였다. 그리고 제품에는 이젝터 핀을 충분히 배치하여 스트리퍼 코어로부터 제품을 취출할 수 있도록 하였다.

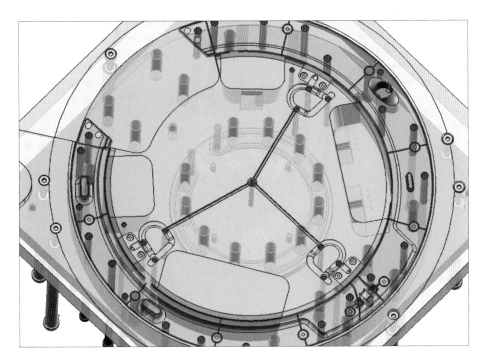

그림 5·37

이젝터의 종류와 타입 [표 5·24]

NO	금형 구조	종류	타입	해당
1	이젝터 플레이트	이젝터 핀	원형핀	●
			각형핀	
			중간 플랜지붙이	
		슬리브 핀	원형핀	
		이젝터 블록	블록 & 블록핀	
		스트리퍼 플레이트	원형 플레이트	●
			각형 플레이트	
2	스트리퍼 플레이트	스트리퍼 플레이트	원형 플레이트	
			각형 플레이트	
		공압	에어홀	
		모터	회전빼기	

10. 설계 체크 리스트

설계가 마무리 되고 나면 설계 데이터를 체크 리스트를 통하여 누락되거나 잘못된 부분을 찾고 검증할 수 있다. 설계 요소별로 설계 내용을 기입하고, 데이터를 확인하여 잘되었으면 Good 판정을 내리고, 설계가 잘못된 항목은 NG 판정을 내린다. 다 작성한 후에 NG 항목에 대하여 설계 데이터를 수정하고, 개선 방법에 내용을 기입한다. 프레임의 경우 체크 리스트를 통해 확인한 결과 설계 데이터가 모두 양호하여 설계를 완료하였다.

설계 항목 체크 리스트 [표 5·25]

구분	항목	요소	설계 내용	판정	개선 방법
제품	파팅 라인	메인 파팅	제품 외곽 선단부	G	
		슬라이드 파팅			
	빼기 구배	공차 범위 내	외측 (1)도	G	
			내측 (1)도	G	
		기타	리브 2도	G	
성형	게이트	위치	(서브마린)게이트	G	
		크기	Ø1.2	G	TRY 후 수정 가능
	가스 벤트	코어	유(●) 무( )	G	
		원판	유(●) 무( )	G	
	냉각 회로	코어	유(●) 무( )	G	
		원판	유( ) 무(●)	G	

금형	검증	형체력	(850) ton	G	
		원판 측벽 두께	예측 휨량 (0.01) mm	G	
		하원판 바닥 두께	예측 휨량 (0.02) mm	G	
		서포트 핀	직경 (Ø) 길이 ( ) mm		
		풀러볼트	직경 (Ø) 길이 ( ) mm		
		슬라이드 스프링	사이즈 ( ) 수명 ( ) 만회		
가공	코어	메인 코어	(방전) 가공	G	
			(고속) 가공	G	
		인서트 코어	(와이어) 가공	G	
			(방전) 가공	G	
	부품	표준 가공	유(●) 무( )	G	
		특수 가공	유( ) 무(●)	G	
	몰드 베이스	상고정판	(NC) 가공	G	
		상원판	(NC) 가공	G	
		하원판	(NC) 가공	G	
		밀판	(NC) 가공	G	
		하고정판	(NC) 가공	G	
조립	코어	메인 코어	(볼트) 조립	G	
		인서트 코어	(볼트) 조립	G	
	밀핀	밀핀 조립	(번호 각인) 조립	G	
	작동 부품	슬라이드		G	
		리프터		G	
	스프링 수명	슬라이드 스프링			
	아이볼트	아이볼트	M42	G	
	성형기	이젝터로드	(8)개소	G	
		금형 크기	X (900) / Y (900)	G	
		노즐	R (20)	G	
		스프루	Ø (6.5)	G	
		로케이트링	Ø (100)	G	

작동	몰드	상고정판~러너판	스트로크 ( ) 록핀 높이 ( )		
		러너판~상원판	스트로크 ( ) 러너 높이 ( )		
		이젝팅	스트로크 ( )		
		리턴핀	길이 ( )		
	부품	슬라이드	스트로크 ( ) 언더컷 ( )		
		리프터	스트로크 (5) 언더컷 (3)	G	

그림 5·38
이동측

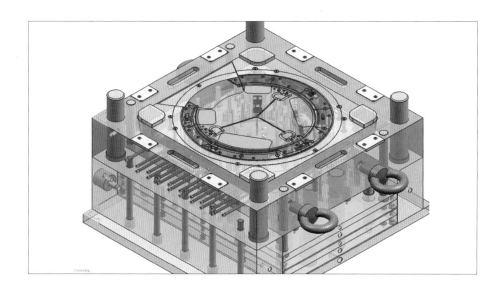

그림 5·39
고정측

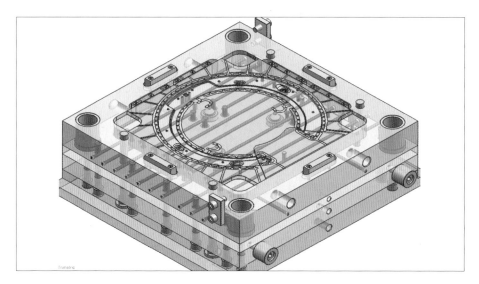

자동차 부품

1. 제품 분류

자동차 외장 부품인 베즐(Bezel)로서 자동차 앞 헤드라이트의 커버이다. 기능으로는 외장 용도이므로 앞의 전자 제품과 마찬가지로 외관 상태와 조립성이 좋아야 한다. 제품의 정밀도보다는 헤드라이트의 열적 특성에 견딜 수 있어야 하며, 사이즈는 중형에 해당한다.

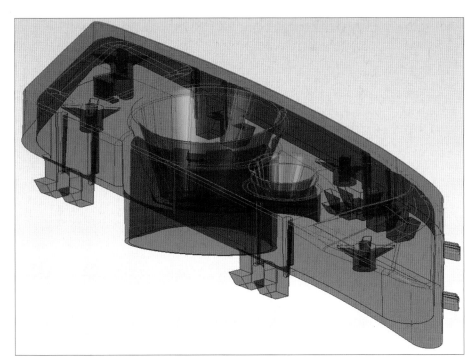

그림 5·40
설계 제품

제품 분류 체크 리스트 [표 5·26]

대분류	항목		중분류	항목		소분류	항목	
	전기			소형			내마모성	
	전자		사이즈	중형	●		내충격성	●
	자동차	●		대형			내열성	●
산업군	모바일		형상	외장	●	재질특성	방습성	
	의료기기			내장			내약품성	
	식품		기능	고정	●		내구성	
	일반생활			작동				

2. 성형 해석

제품의 용도로 보아 투명한 외관 상태가 유지되어야 하며, 웰드 라인이나 변형 부분 등을 고려하여야 한다.

(1) 성형 해석조건

성형 재료는 PC로서 유동성이 좋은 편은 아니므로 금형 온도가 높게 유지되어야 하고, 냉각이 중요하나 제품의 후변형은 많이 일어나지 않는 편이다.

재료조건 [표 5·27]

NO	항목	내용
1	재료 타입	Thermoplastic
2	총칭	PC
3	메이커	LG Chemical
4	상호	Lupoy GN1008RF
5	MFI	MFI(230,2,16)=30g/10min
6	섬유 퍼센트	0.00 (%)
7	용해 온도 범위	245 – 285 (℃)
8	금형 온도 범위	70 – 90 (℃)
9	취출 온도	117 (℃)
10	고체화 온도	137 (℃)

사출조건 [표 5·28]

NO	항목	내용
1	유동 시간	1.10 (sec)
2	용해 온도	275.0 (℃)
3	금형 온도	90.0 (℃)
4	사출 압력	180.00 (MPa)
5	사출 체적	41.503 (cc)
6	보압 시간	9.00 (sec)
7	보관 유지 압력	180.00 (MPa)
8	충진 체적(%)에 의한 VP 전환	98.00 (%)
9	금형 개폐 시간	5.00 (sec)
10	취출 온도	117.0 (℃)

(2) 해석 결과

주요 해석 결과 들을 취합하여 제품 성형이나 불량 등의 문제가 없거나, 미미하여 제품에 커다란 영향을 미치지 않는다고 판단되면, 성형 해석 결과대로 금형설계를 진행한다.

• 에어 트랩

제품의 센터에 위치한 커다란 보스 형상부 주변과 외관 후크 형상 끝단에 에어 트랩이 생기는 것으로 나왔으나, 전체 외관부에 크게 영향을 미칠 정도로 발생하지는 않았다.

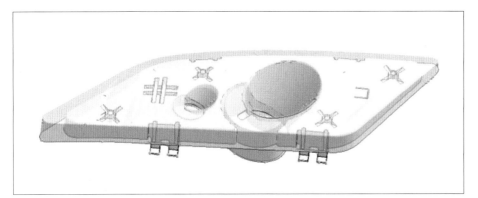

그림 5·41

• 웰드 라인 (Weld Line)

제품의 외관 특성상 측면에 1점 게이트로 해석을 진행하였고, 유동 단면이 만나는 부분이 많이 발생하지 않아 웰드 라인은 많이 분포되지 않았다.

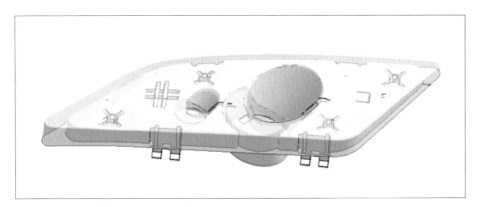

그림 5·42

• 싱크 마크 (Sink Mark)

해석 결과 싱크 마크가 제품 위 두께와 측면이 만나는 부분이 두꺼워 그 지점에 생겼으며, 그 수축량이 허용 범위 안에 드는 것으로 나왔다.

그림 5·43

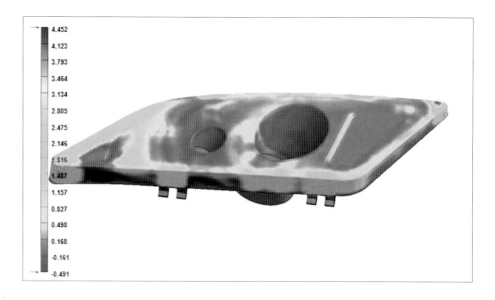

• **변형 (Warpage)**

해석 결과 X, Y, Z 방향에 따른 뒤틀림이 발생하였다. 게이트를 키워 사출압을 낮추어 제품에 응력 발생을 조정하였다.

그림 5·44

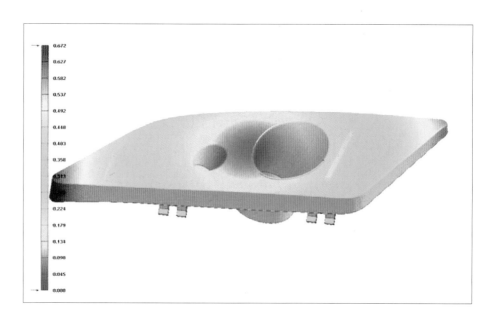

3. 금형설계 사양서

제품 분류에 이어 금형설계 사양서를 작성한다. 베즐의 경우는 중량 23.36g으로 중소형군의 제품으로 분류되었다. 금형은 2캐비티를 기준으로 사이즈를 선정하였으며, 게이트는 1점 설계하여 자국이 최대한 남지 않도록 예상하였고, 그 외에 특이한 구조는 없는 것으로 사양서 작성을 완료하였다.

금형설계 사양서 작성 [표 5·29]

구분	항목		내용						비고
제품		품명	Bezel						
		품번							
		도면 데이터	2D			3D		●	
		제품 크기 (mm)	가로	144	세로	49	높이	26	
		중량 (g)	23.36						
	성형 재료	종류	종류	PC		Grade			
		수축률 (%)	5/1000						
		후가공	무						
금형		캐비티수	2 X 1						패밀리
	취출 방법	제품	자동		로봇		수동	●	
		러너	자동		로봇		수동	●	
	금형	구조	2단	●	3단		기타		
		사이즈 (mm)	가로	350	세로	500	높이	340	
		중량 (kg)	421						
	러너	형식	원형	●	사다리꼴		반원		
		사이즈	개수		1	사이즈		Ø5.5	
	게이트	형식	사이드		터널		핀 포인트		
		사이즈	개수		1	사이즈		Ø0.8	
	언더컷	슬라이드	유	●	무		개수	4	
		리프터	유	●	무		개수	1	
	금형 재질	캐비티	개수	1	재질	SKD61			
		코어	개수	3	재질	SKD61			
		슬라이드	개수	4	재질	SKD61			
		원판	개수	8	재질	S45C			
	냉각	형식	온수	●	오일		히터		
		사이즈	Ø10						
		특수 가공 유무	열처리		부식		도금		

성형	성형기	분류	소형	●	중형		대형		
		사이즈 (ton)	200						
		메이커	LG						
	형체 장치	형체력 (ton)	220						
		타이바 간격 (mm)	560 X 560						
	금형 관련	최소 두께 (mm)	200						
		최대 거리 (mm)	1090						
		이젝터로드	직경	30		개수	3		
	노즐 장치	로케이트링	직경	100					
		스프루	반지름	15					

4. 조립도 설계

게이트의 타입에 결정됨에 따라 사이드 타입의 몰드베이스로 레이아웃을 설계한다. 비교적 표준형 금형 구조이다.

금형 타입별 분류 [표 5·30]

NO	구조		타입	해당	규격
1	게이트 형식		핀포인트 타입		
			사이드 타입	●	S TYPE
			핫러너 타입		
2	스트리퍼 플레이트		유		
			무	●	
3	받침판	유	두께 (mm)		
		무	무	●	
4	이젝터 플레이트	유	스페이스 방식		
			포켓 방식	●	M TYPE
		무	무		
5	사이즈	규격	가로 X 세로 (mm)	●	350 X 500
		두께	상원판 (mm)	●	80
			하원판 (mm)	●	90
			스페이스 블록 (mm)	●	110
			매니폴드판 (mm)		
			노즐 백업판 (mm)		

6	가이드 핀	유	표준형	●	S TYPE
			역가이드형		
		무	무		
7	서포트 핀	유	내측, 길이 (mm)		
			외측, 길이 (mm)		
		무	무	●	

(1) 몰드베이스 생성

금형 타입을 결정하고, 필요한 규격으로 몰드베이스를 생성, 발주한다.

[주문 규격 : SC TYPE 3550 80 90 11 S-M]

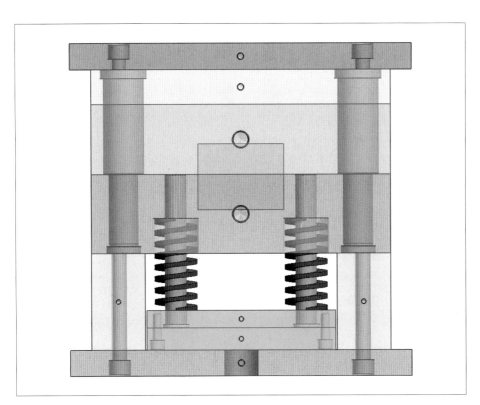

그림 5·45

5. 코어 설계

코어는 독립 코어로 설계하여 원판에 볼트로 조립하도록 하였다. 하코어에 보스 형상을
인서트 코어로 설계하여 가공상의 편의성을 고려하였고, 슬라이드 코어가 제품 양쪽에
모두 있는 설계 구조이다. 코어 내측에는 리프터를 삽입하여 언더컷을 취출할 수 있도록
구조를 설계하였다.

코어 캐비티의 종류와 타입 [표 5·31]

NO	종류	타입	해당	재질	수량	규격
1	캐비티	독립 코어형	●	KP4	1	380 X 100 X 44.33
		원판 일체형				
2	코어	독립 코어형	●	KP4	1	380 X 100 X 50.57
		원판 일체형				
3	인서트 코어	플랜지형	●	KP4	2	27.07 x 25.87 x 50.12
				KP4	2	15.01 x 14.39 x 48.44
		탭형				
4	인서트 코어핀	플랜지형	●	KP4	2	D5 x L49.5
				KP4	2	D5 x L50.7
5	슬라이드 코어	인서트형				
		바디 일체형	●	KP4	6	10.40 X 30.54 X 13.28
				KP4	2	16.00 X 37.17 X 13.29
6	리프트 코어	인서트형	●	KP4	2	8.59 X 4.03 X 50.24
		샤프트 일체형				

(1) 파팅 라인 선정

파팅 라인은 외관 제품으로 전자 제품과 마찬가지로 외관 제품으로 제품 선단부를 따라가는 파팅 라인으로 선정하여 설계를 진행하였다. 외측 후크부는 하측에 슬라이드 코어로 파팅을 처리하였다.

그림 5·46

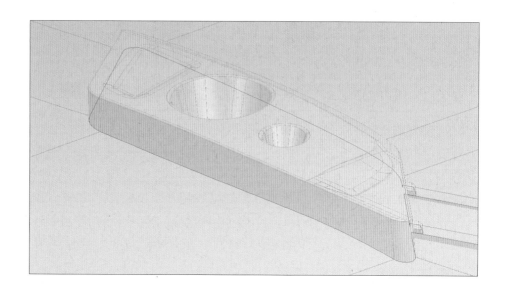

(2) 코어, 캐비티 설계

A. 코어

파팅 라인을 따라 코어와 캐비티로 분할하고, 형상과 가공의 편의성을 고려하여 인서트 코어와 코어 핀으로 분할 설계를 한다. 또한 후크부 형상 4개소에 대하여 슬라이드 처리를 위한 편설계를 하였으며, 내측의 언더컷 형상은 리프터 작동으로 취출을 하기 위하여 리프터 코어로 설계하였다.

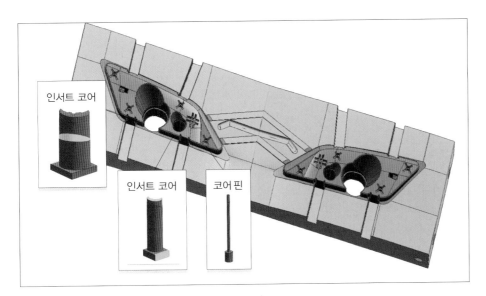

그림 5·47

B. 캐비티

패밀리 몰드로 캐비티쪽의 형상부는 비교적 심플하여 인서트 코어 없이 설계를 하였다.

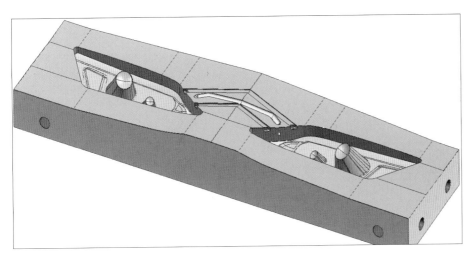

그림 5·48

6. 유동부 설계

(1) 러너 설계

러너의 효율을 생각하여 원형 러너로 설계하였다.

러너의 종류와 타입 [표 5·32]

NO	항목		스프루 타입	러너 타입	해당	규격
1	콜드 러너	사이드 타입	스프루 부시	원형	●	Ø8
				사다리꼴		
				반원형		
		핀포인트 타입	스프루 부시	사다리꼴		
				반원형		
2	부분 러너	사이드 타입	익스텐션 노즐	원형		
				사다리꼴		
				반원형		
		핀포인트 타입	익스텐션 노즐	사다리꼴		
			스프루 부시	인슐레이티드 러너		
3	러너리스	핫러너 타입	핫러너 시스템	러너리스	●	

(2) 게이트 설계

외관 제품이므로 자국이 가장 남지 않고 제품과 자동으로 분리되는 터널 게이트를 선택하여 제품 측면에 게이트를 위치하였다.

게이트의 종류와 타입 [표 5·33]

NO	타입		형상	해당	규격
1	표준 게이트	사이드 타입	사이드 게이트		
			오버랩 게이트		
			필름 게이트		
			팬 게이트		
			링 게이트		
			디스크 게이트		
			서브마린 게이트	●	Ø1.2
			탭 게이트		
			다단 게이트		
		핀포인트 타입	핀포인트 게이트		

2	비표준 게이트	사이드 타입	다이렉트 게이트		
3	핫러너 게이트	핫러너 타입	오픈 게이트		
			밸브 게이트		
			세미밸브 게이트		

A. 캐비티 러너 및 게이트

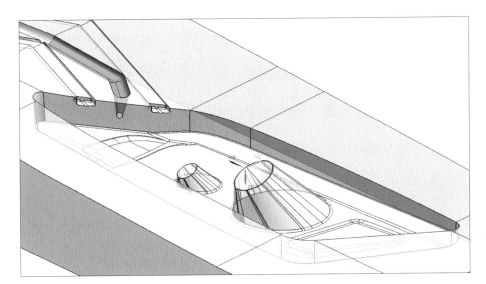

그림 5·49

B. 코어 러너부

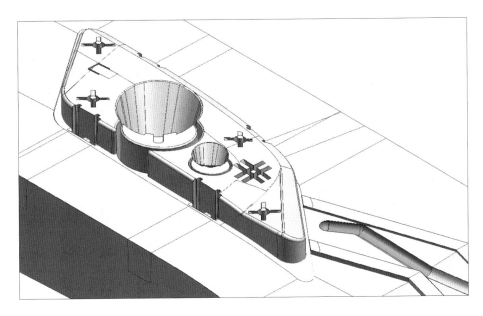

그림 5·50

7. 언더컷 설계

베즐은 외장용 부품으로 조립되는 후크부가 언더컷이되므로 후크부 4개소에 대하여 슬라이드로 처리하였고, 내측의 언더컷 1개소는 리프터로 설계하여 언더컷이 취출되도록 설계하였다.

(1) 슬라이드 설계

슬라이드의 종류와 타입 [표 5·34]

NO	종류	타입	해당	규격
1	슬라이드 바디	코어 일체형	●	31.00 X 96.91 X 45.00
		코어 인서트형		
2	가이드 레일	홈붙이형	●	15.00 X 70.00 X 30.00
		일자형		
3	로킹 블록	인로우형	●	23.00 X 65.00 X 35.50
		원판 일체형		
4	슬라이드 조정 블록	유		
		무	●	
5	앵귤러	핀형	●	D36 x L74.9
		탭형		
6	앵귤러 블록	유		
		무	●	
7	위치결정	볼플런저		
		스토퍼 블록형		
		스토퍼 핀형		
		볼트형	●	

그림 5·51
슬라이드 코어와
바디의 일체형 설계
및 부품

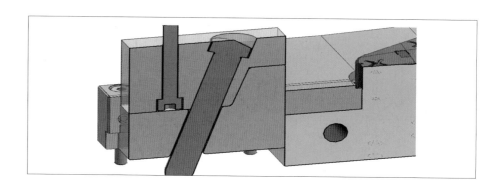

(2) 언더컷 설계

언더컷의 종류와 타입 [표 5 · 35]

NO	종류		타입	해당	규격
1	리프터 코어		샤프트 일체형	●	17.86X4.03X170.13
			인서트형		
2	리프터 샤프트		각형	●	17.86X4.03X170.13
			원통형		
3	가이드 블록		유	●	30.01X15.02X10.00
			무		
4	슬라이드 레일	블록	슬라이드 블록	●	8.01X14.01X20.00
		유닛	슬라이드 베이스 & 샤프트 홀더		
			샤프트 홀더		
5	이젝터 앵귤러 핀		원형		
			각형		

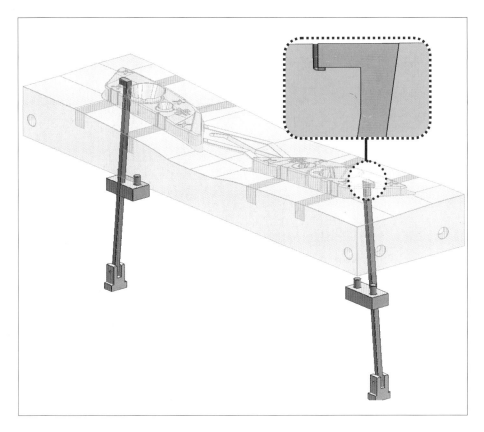

그림 5 · 52
각형 앵귤러 핀
리프터 코어 & 부품

8. 냉각 설계

냉각은 상하 코어에 모두 코어 냉각으로 설계하였다. 기본 사각형의 회로로 원판에 입구와 출구를 두었다.

냉각의 종류와 타입 [표 5·36]

NO	구분		종류	냉각 회로	해당	규격
1	코어	캐비티 (●) 코어 (●)	라인 냉각	일자형 회로		
				사각형 회로	●	Ø10
			탱크 냉각	배플 플레이트 회로		
				냉각 파이프 회로		
				냉각 회로판		
2	원판	고정측 (●) 이동측 (●) 핫러너 ( )	라인 냉각	일자형 회로		
				사각형 회로		
				코어 보조 회로	●	
3	부품	슬라이드 ( ) 리프터 ( ) 인서트 ( ) 밀핀 ( )	라인 냉각	일자형 회로		
				사각형 회로		
			탱크 냉각	배플 플레이트 회로		
				냉각 파이프 회로		

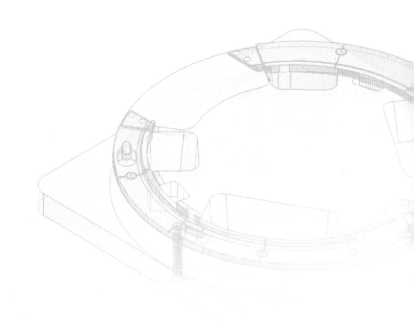

A. 코어 냉각

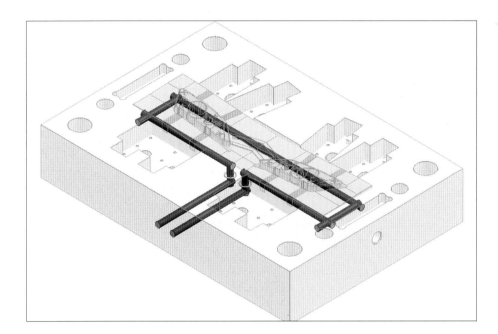

그림 5·53

B. 캐비티 냉각

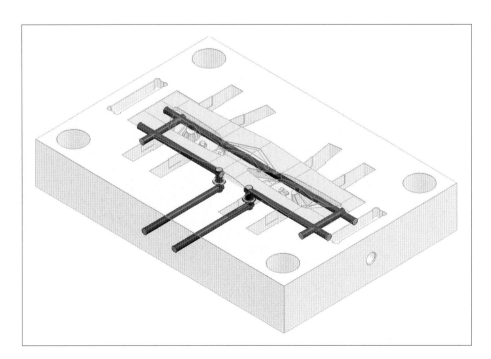

그림 5·54

9. 이젝팅 설계

베즐 제품의 경우 원형의 이젝터 핀으로 제품을 취출하도록 하였으며, 리프터가 작동하는 구조이다.

이젝터의 종류와 타입 [표 5·37]

NO	금형 구조	종 류	타 입	해당	규격
1	이젝터 플레이트	이젝터 핀	원형핀	●	
			각형핀		
			중간 플랜지붙이		
		슬리브 핀	원형핀		
		이젝터 블록	블록 & 블록핀		
		스트리퍼 플레이트	원형 플레이트		
			각형 플레이트		
2	스트리퍼 플레이트	스트리퍼 플레이트	원형 플레이트		
			각형 플레이트		
		공압	에어홀		
		모터	회전빼기		

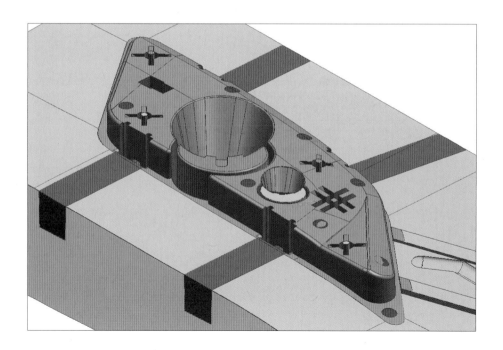

그림 5·55
이젝터 핀 위치

10. 설계 체크 리스트

설계가 다되면 설계 항목별 설계 내용을 체크 리스트에 기재하여, 누락이나 설계가 잘되었는지 못되었는지에 대한 여부를 확인한다. 베즐 데이터의 경우에는 try 후에 가스 벤트 발생 지점을 확인하여 가스 벤트를 추가하기로 하였다.

설계 체크 리스트 [표 5·38]

구분	항목	요소	설계 내용	판정	개선 방법
제품	파팅 라인	메인 파팅	제품 최대 외곽	G	
		슬라이드 파팅	언더컷 형상을 포함	G	
	빼기구배	공차 범위 내	외측 (1)도	G	
			내측 (0.5)도	G	
		기타	리브 2도	G	
성형	게이트	위치	(터널)게이트	G	
		크기	Ø1.2	G	TRY 후 수정 가능
	가스벤트	코어	유( ) 무(●)	NG	TRY 후 추가함
		원판	유( ) 무(●)	NG	TRY 후 추가함
	냉각회로	코어	유(●) 무( )	G	
		원판	유( ) 무(●)	G	
금형	검증	형체력	(140) ton	G	
		원판 측벽 두께	예측 휨량 (0.01) mm	G	
		하원판 바닥 두께	예측 휨량 (0.01) mm	G	
		서포트핀	직경 (Ø) 길이 ( ) mm	무	
		풀러볼트	직경 (Ø) 길이 ( ) mm	무	
		슬라이드 스프링	사이즈 ( ) 수명 ( ) 만회	무	
가공	코어	메인 코어	(방전) 가공	G	
			(고속) 가공	G	
		인서트 코어	(방전) 가공	G	
			(연삭) 가공	G	
	부품	표준 가공	유(●) 무( )	G	
		특수 가공	유( ) 무(●)	G	

가공	몰드 베이스	상고정판	(NC)가공	G	
		상원판	(NC)가공	G	
		하원판	(NC)가공	G	
		밀판	(NC)가공	G	
		하고정판	(NC)가공	G	
	코어	메인 코어	(볼트) 조립	G	
		인서트 코어	(플랜지) 조립	G	
	밀핀	밀핀 조립	(밀판) 조립	G	
	작동 부품	슬라이드		G	
		리프터		G	
	스프링 수명	슬라이드 스프링		G	
	아이볼트	아이볼트	M16	G	
	성형기	이젝터로드	(3)개소	G	
		금형 크기	X (350) / Y (500)	G	
		노즐	R (15)	G	
		스프루	Ø (3.5)	G	
		로케이트링	Ø (100)	G	
작동	몰드	상고정판~ 러너판	스트로크 ( ) 록핀 높이 ( )	무	
		러너판~ 상원판	스트로크 ( ) 러너 높이 ( )	무	
		이젝팅	스트로크 (60)	G	
		리턴핀	길이 (100)	G	40% 압축
	부품	슬라이드	스트로크 (5) 언더컷 (1.5)	G	
		리프터	스트로크 (5) 언더컷 (3)	G	

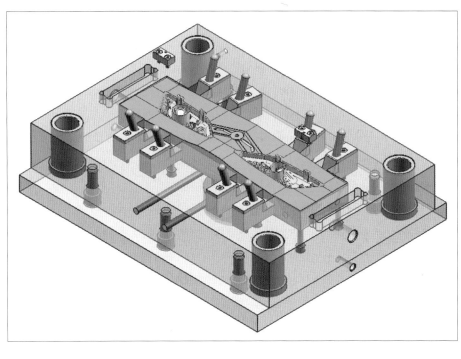

그림 5·56

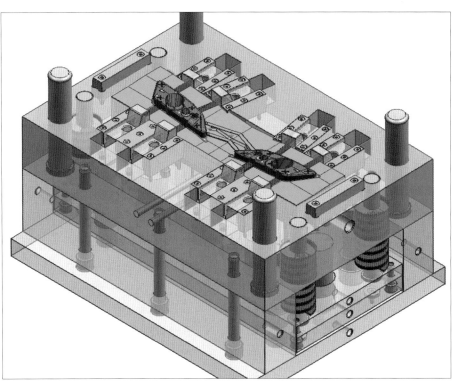

그림 5·57

참고 문헌

❶ Ref. Injection molding handbook, Dominick V. Rosato 외, kluwer Academic Publishers

❷ How to make injection molds, Menges/Mohren, Hanser Publishers

❸ Injection mould design, R.G.W.PYE, George Godwin

❹ Injection molds, Gastrow, Hanser Publishers

❺ 사출성형불량대책 사례집, 박균명 외 역저, 도서출판 씨마스

❻ Moldflow basic course, 황순환 외, 청담북스

❼ Minitab을 이용한 다꾸치 기법 활용, 이상복, 이레테크

❽ 예제중심의 실험계획법, 이상복, 이레테크

❾ 사출성형공정과 금형, 황한섭, 기전연구사

❿ 최신사출금형설계, 유중학 외, 동명사,

⓫ 금형설계를 위한 사출성형 이론, 조용무, 일진사.

⓬ 유도선스 「GIGA-1012」

⓭ 사출성형기법 / 산업연구원 / 광잔특수건장

⓮ WOOJIN PLAIMM 「TH-G series」「DL series」 카탈로그

⓯ 기신정기 「표준 몰드베이스」 카탈로그

⓰ MISUMI 「플라스틱 금형용 표준 부품」 카탈로그

⓱ 우데홀름 「STAVAX」 카탈로그

⓲ LG전자 「금형 제작 표준집」

금형 사양 결정 따라하기

금형의 사양 결정 Matrix는 워크 플로우의 형태로 따라가며 선택을 하여 최종 사양까지 가는 흐름으로 구성되어 있다. 사양 결정은 사출제품의 분류, 금형 분류, 금형 사양과 설계 사양의 4가지 분류체계로 나누어 각각의 사양을 결정하도록 하여 하나의 제품에 대하여 분류 결과를 종합하고 최적의 설계를 할 수 있도록 한다. 각 분류 항목에서는 대분류에서 중분류, 소분류의 순서로 선택을 하게 되어 있다. 또한, 각각의 분류 항목에 나오는 값들은 여러 가지 다양한 DB에서 가져올 수 있다. 각 항목별 분류 및 선택이 끝나면 Work Flow 형태로 선택된 결과들을 볼 수 있다.

1단계 : 사출제품 분류

사출제품 분류는 설계자가 제품의 용도와 기능 등을 명확하게 알고 금형을 설계할 수 있도록 하여 금형 설계 시에 유의해야 할 점 등을 파악할 수 있으며, 원재료의 결정 시에도 참고할 수 있다. 대분류에서는 크게 산업군 분류를 하고 중분류에서 기능과 용도를 분류하며, 소분류에 서는 물적 특성 등을 결정하도록 한다.

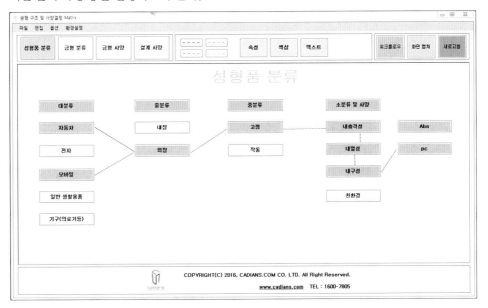

2단계 : 금형 분류

사출제품의 분류를 통해 제품의 특징을 파악한 후에는 금형 분류단계로 들어가게 된다. 금형 분류 단계에서는 전체적인 생산 방법 결정 및 금형의 큰 틀에 대한 종류 및 타입 사이즈 등을 분류해 봄으로써 확인할 수 있다. 제품 생산 방식에 따른 금형의 종류를 대분류에서 분류하고, 중분류 단계에서 구체적인 금형 종류를 분류한다. 예를 들어, 사출 금형의 경우 사출 방법에 따른 금형의 종류와 제품 사이즈를 고려한 금형 사이즈를 선택하게 된다.

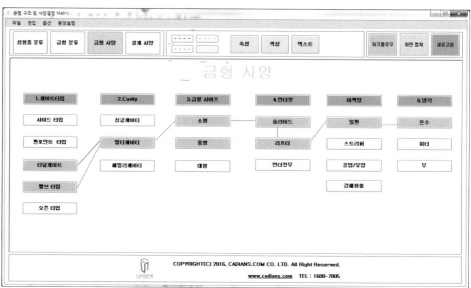

3단계 : 금형 사양

금형의 사이즈와 타입 등이 결정되면, 상세 금형 사양을 결정 및 분류한다. 게이트, 캐비티수, 언더컷 유무, 이젝팅 방법, 냉각 방법 등을 대략적으로 선정하여 금형의 전체 구조를 상세하게 결정할 수 있도록 한다. 금형 사양 결정 부분은 각각의 항목이 금형설계에 필요한 항목이므로 우선 순위나 대중소의 분류 순서를 따르지 않고 선택하도록 되어있다. 이 단계까지 분류를 완료하게 되면, 설계자는 금형 제작 사양서 작성에 필요한 거의 모든 항목을 결정지었다고 볼 수 있다.

4단계 : 설계 사양

마지막 설계 사양 결정에서는 코어나 부품의 재질 결정 코어 설계시의 상세 구조, 부품 설계
항목 들을 결정하여 설계자가 이러한 항목을 반영하여 설계할 수 있도록 한다.

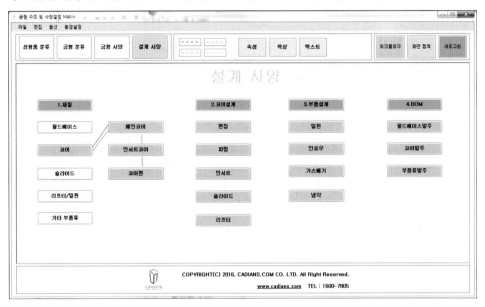

금형설계 따라하기 & 몰드림

1. 금형설계 따라하기 (동영상 제공)

3차원 사출금형설계 및 유동 시스템에서 소개된 설계 사례는 몰드림(Moldream) 몰드를 이용하여 금형설계를 하고자 할 때 가이드가 될 따라하기 동영상을 다운받아보실 수 있습니다. 따라하기 동영상은 아래 세가지 제품에 대하여 제공되고 있으며, 몰드림 몰드를 이용하여 파팅 나누기, 몰드베이스 및 부품 생성하기의 순서로 3차원 금형설계가 진행되는 것을 동영상을 통해 확인할 수 있습니다.

다운로드 경로 http://www.cadians.com

■ 3차원 사출 금형설계 사례

구분	모바일 부품	가전 부품	자동차 부품
모델			

2. 몰드림(Moldream) 몰드 체험판 (무료제공)

캐디언스시스템 홈페이지에 접속하시면 Full 3D 금형설계 프로그램인 몰드림 몰드의 다운로드 및 체험판 사용이 가능합니다.

다운로드 경로 http://www.cadians.com